LA RADIACTIVIDAD Y LOS ELEMENTOS

MARIE CURIE

LA RADIACTIVIDAD Y LOS ELEMENTOS

MARIE CURIE

El secreto mejor guardado de la materia

NATIONAL GEOGRAPHIC

A mi hijo Enrique y a todos los que como él empiezan su andadura profesional en estos tiempos difíciles.

ADELA MUÑOZ PÁEZ es catedrática de Química Inorgánica de la Universidad de Sevilla. En sus trabajos de investigación, que publica en revistas internacionales, emplea aceleradores de partículas para el estudio de materiales. Escribe libros de divulgación, así como artículos sobre mujeres científicas.

Realización: EDITEC

Diseño cubierta: Llorenç Martí

Diseño interior: Luz de la Mora

Infografías: Joan Pejoan

Fotografías: Aci Online: 21ai, 21b, 29a, 29bd, 51b, 103, 117ai, 133ai, 133ad, 133bi, 133bd; Album: 91, 95ad, 114; Archivo RBA: 21ad, 22, 95b, 117b, 136; Getty Images: 92, 95ai, 117ad; Museo Curie, Archivos Curie & Joliot-Curie: 29bi, 51a, 54; Universidad de Manchester: 77.

ISBN: 978-84-473-7645-2
Depósito legal: B-6260-2016

Impreso y encuadernado en Rodesa, Villatuerta (Navarra)

Impreso en España - *Printed in Spain*

Sumario

Introducción

No hay ninguna otra mujer en la historia de la ciencia cuyos logros hayan sido tan universalmente reconocidos como Marie Curie. Ella fue la primera profesora de la Universidad de la Sorbona en sus más de 600 años de existencia, la primera mujer que obtuvo un premio Nobel y el primer científico que logró por segunda vez este galardón. Pero Marie fue sobre todo una persona apasionada que dedicó su vida a cultivar la más absorbente de las pasiones: la pasión por descubrir. Sin embargo, no es esa la imagen que nos ha llegado de ella. Marie ha pasado a la posteridad como la suma sacerdotisa que sacrificó su vida en el altar de la ciencia, una especie de diosa por encima de las pasiones humanas. Lo cierto es que la vida de Marie estuvo llena de pasiones: pasión por la ciencia, pero también pasión por su país, Polonia, que dio nombre al primer elemento químico que descubrió; pasión por sus hijas, pasión por los hombres de los que se enamoró. También defendió de forma apasionada su derecho a figurar en la historia de la ciencia en una época en la que las mujeres carecían de los derechos más elementales.

Las investigaciones de Marie se desarrollaron en París. A finales del siglo XIX la Ciudad de la Luz era la capital del mundo: capital del arte con los pintores impresionistas, de la literatura con escritores como Zola, de la arquitectura con obras como la Torre Eiffel, de la magia del cinematógrafo con la máquina de los hermanos

Lumière, que atrapaba las imágenes en movimiento. El matrimonio Curie también haría de París la capital de la ciencia. Sin embargo, no fue la Academia de Francia la primera en reconocer la genialidad de ambos investigadores. Tal honor estuvo reservado a la Academia de Ciencias sueca, que otorgaba los premios instituidos por el inventor de la dinamita y que les concedió el premio Nobel de Física en 1903 por el «descubrimiento de la radiactividad».

¿Qué era la radiactividad? ¿Por qué era tan relevante? En las últimas décadas del siglo XIX la ciencia parecía un edificio terminado y bien construido en el cual materia y energía eran mundos separados que se regían por leyes diferentes. Pero en torno al cambio de siglo, en un período de apenas veinte años, una serie de descubrimientos derribaron gran parte de los pilares sobre los que se asentaba el conocimiento de la naturaleza. La relevancia del descubrimiento de la radiactividad estribaba en que puso de manifiesto que materia y energía estaban relacionadas y podían transformarse una en otra. Los principales artífices de este descubrimiento fueron Pierre Curie, un genial pero desclasado profesor de la Escuela de Física y Química Industriales de París, y su esposa, Marie, una polaca recién licenciada en Física y Matemáticas en la Universidad de la Sorbona.

Cuando descubrieron la radiactividad, Pierre vivía una espléndida madurez científica y ya había hecho varios descubrimientos notables. No obstante, no había merecido el reconocimiento oficial de la Academia de Francia. La trayectoria científica de Marie Skłodowska, por su parte, era mucho más corta, dado que había presentado su tesis doctoral —dedicada al estudio de las propiedades de unas sustancias que emitían de forma espontánea unos rayos de naturaleza singular— el mismo año que la Academia de Ciencias sueca les concedió el premio Nobel.

Como todo gran descubrimiento, el de la radiactividad fue el producto del trabajo de muchos científicos. Los rayos en sí mismos los había descubierto un científico francés, Henri Becquerel, heredero de una saga familiar dedicada al estudio de las radiaciones emitidas por minerales. La comprensión detallada de los procesos que originaban el fenómeno fue fruto de las investigaciones llevadas a cabo por diversos laboratorios de todo el mundo, muy especialmente los dirigidos por el neozelandés Ernest Rutherford en McGill (Canadá), Manchester y Cambridge. Primero se constató que la radiación que había descubierto Marie era fundamentalmente de tres tipos, llamados α, β y γ. El empleo posterior de los rayos α como proyectil puso de manifiesto la existencia del núcleo atómico, donde se concentraba la carga positiva y la mayor parte de la masa del átomo. Este descubrimiento revolucionó la química, pues mostró que la propiedad que identificaba a un elemento químico no era la masa atómica, sino el número de protones en su núcleo, mientras que la reactividad química venía determinada por los electrones de la corteza externa del átomo.

En los albores de la Segunda Guerra Mundial y tras haber dedicado media vida al estudio de la estructura del núcleo atómico, la física austríaca Lise Meitner entendió su ruptura como un proceso que liberaba cantidades ingentes de energía. La aparición de esta energía procedente de la «pérdida» de pequeñas cantidades de masa había sido predicha por Albert Einstein muchos años antes, a comienzos del siglo XX. Con ayuda de la tecnología, esta energía fue empleada con fines bélicos para la construcción de la bomba atómica por un enorme equipo de científicos y obreros dirigidos por Robert Oppenheimer.

Pero la aplicación más conocida de la radiactividad, la que dio más popularidad a su descubridora, fue su empleo en medicina. Esta aplicación fue intuida de forma visionaria por Pierre Curie, siendo inicialmente conocida en Francia como «curieterapia». Comenzó a estudiarse en hospitales de todo el mundo a los pocos meses de su descubrimiento y hoy es una herramienta imprescindible en el tratamiento del cáncer.

A pesar del trabajo de todos los científicos que contribuyeron a la comprensión de la radiactividad y al desarrollo de sus aplicaciones, Marie Curie es la persona universalmente reconocida como la descubridora de tal fenómeno. Por ello en 1995 fue enterrada en el Panthéon de París en un funeral de Estado, presidido por el entonces presidente francés François Mitterrand. Resulta paradójico que una mujer polaca ocupe un lugar de honor en este santuario laico dedicado a acoger los restos de los «grandes hombres de Francia». Una mujer en un mundo de hombres; una polaca que triunfó en el país que acuñó la palabra «chovinismo» para definir el orgullo patrio; una viuda que crió sola a dos hijas; una mujer sin prejuicios que tuvo que arrostrar un ataque tan brutal de la prensa amarilla que casi acaba con su vida. ¿Quién era esta mujer que las fotografías suelen mostrar vestida de negro y con gesto adusto?

La gesta de Marie Skłodowska-Curie se inició en la Varsovia de mediados del siglo XIX. Marie nació en 1867 en la capital de Polonia, país entonces repartido entre Austria, Rusia y Prusia. Su infancia estuvo marcada por la muerte de su madre, que falleció cuando ella tenía diez años, y por la feroz represión rusa, que impedía a los niños estudiar en su lengua. Durante la adolescencia Marie soñó con dedicarse a la ciencia, pero debido al poco dinero que tenía su familia tuvo que esperar siete largos años antes de ir a estudiar a la universidad de sus sueños, la Sorbona de París. Durante estos años de espera hizo planes de boda con el joven Kazimierz Zorawski, hijo de la familia polaca para la que trabajaba como institutriz; la oposición a esa boda por parte de la familia de él, la llenaría de amargura.

Cuando en 1891 Marie por fin se estableció en París, el poco dinero del que disponía apenas le bastaba para comer. Pero sus ansias de conocimientos eran tan fuertes que en apenas tres años obtuvo una licenciatura en Física y otra en Matemáticas, ambas con excelentes calificaciones. A continuación obtuvo una beca para estudiar las propiedades magnéticas de los aceros, estudio que tendría una extraordinaria trascendencia en su vida, pues le puso en contacto con un científico brillante y tímido llamado Pierre Curie. En un principio los unió el amor por la ciencia, pero luego encontraron muchas más afinidades, tantas que terminaron casándose en 1895.

A las pocas semanas del nacimiento de su primera hija, Irène, a finales de 1897, Marie comenzó la investigación que la haría famosa. Para desentrañar la naturaleza de las misteriosas radiaciones que acababa de descubrir Henri Becquerel, Marie procesó grandes cantidades de uranio en un cobertizo anejo a la Escuela de Física y Química Industriales en la que trabajaba Pierre. Gracias a su entusiasmo, Marie arrastró a Pierre a colaborar con ella y juntos anunciaron en 1898 el descubrimiento de dos nuevos elementos, el radio y el polonio. En 1903 les concedieron a ambos, junto a Becquerel, el premio Nobel de Física por el descubrimiento de la radiactividad, término que había sido acuñado por Marie. Sus descubrimientos abrieron un nuevo y fascinante campo de investigación, el dedicado al estudio del núcleo atómico. Al año siguiente nació su segunda hija, Ève.

La tragedia irrumpió en la vida de Marie en 1906: Pierre murió atropellado por un coche de caballos. A Marie le ofrecieron una pensión como viuda de un «gran científico», pero la rechazó y afrontó la pena de la única forma que sabía: trabajando. Se hizo cargo de la cátedra de Pierre en la Sorbona y también de la dirección del laboratorio. En un caso sin precedentes, en 1911 Marie recibió un segundo premio Nobel, en solitario y de Química, por el descubrimiento del polonio y el radio y sus trabajos con ambos elementos. Sin embargo, aquel fue un año muy turbulento para Marie, pues fue entonces cuando estalló el denominado «escándalo Langevin», al hacerse pública su relación amorosa con uno de los alumnos de su marido. No hubo sangre en el duelo al que Langevin retó al periodista que escribió los peores libelos, pero la salud de Marie, que ya empezaba a acusar los efectos de la radiación, sufrió tan serio quebranto que estuvo alejada del laboratorio durante un año.

Una vez recuperada, Marie puso en marcha la creación del Instituto del Radio, pero al finalizar la construcción de sus instalaciones el proyecto se vio interrumpido por el inicio de la Primera Guerra Mundial. Y aquella a la que habían tildado de «extranjera robamaridos» no dudó en arriesgar su vida y la de su hija Irène para luchar por su país de adopción. Con las camionetas denominadas «pequeñas Curies», que contenían sistemas de rayos X portátiles, Marie, su hija y las personas a las que ellas habían enseñado recorrieron los frentes de guerra y realizaron más de un millón de radiografías de los soldados heridos de bala. Al terminar la guerra, y dada la escasez de fondos y las dificultades para disponer de radio, Marie se embarcó hacia Estados Unidos, de donde se trajo un gramo de este elemento, que le fue entregado por el presidente Harding en nombre de las mujeres norteamericanas. Fue su última cruzada a favor de la investigación de la radiactividad. Su salud se hallaba muy resentida a causa de las largas horas de exposición al radio y se había quedado ciega de unas tempranas cataratas. Además, sufría de anemias agudas, que solo remitían cuando pasaba temporadas alejada del laboratorio, aunque siempre fue incapaz de abandonarlo totalmente; la investigación era su vida.

Su hija Irène, que comenzó a trabajar bajo la dirección de su madre, se hizo cargo del Instituto del Radio y posteriormente contribuyó de forma notable al desarrollo de la ciencia francesa y a la conquista de los derechos de la mujer. Irène le dio la última gran alegría a Marie al descubrir la radiactividad artificial junto con su marido Frédéric Joliot-Curie, por lo que ambos recibieron el premio Nobel de Química en 1935, un año después de la muerte de Marie.

En general, es difícil encerrar la vida de una persona en las páginas de un libro, pero si esa persona es Marie Curie, que no solo realizó los descubrimientos que le darían la fama, sino que además llevó a cabo todo tipo de actividades inimaginables en su época, la tarea es casi imposible. En efecto, Marie fue una ciclista apasionada, una extraordinaria políglota, una fiera defensora de su Polonia natal, una celosa y a la vez desprendida propietaria de su preciado radio, una científica meticulosa hasta la extenuación en sus experimentos. Pero quizá lo más destacable de Marie Skłodowska-Curie es que, a pesar de que a lo largo de su vida se enfrentó con enemigos formidables de muy distinta naturaleza, nunca se rindió ante nada ni ante nadie. Acabó con ella la leucemia provocada por la radiactividad que descubrió. Pero antes tuvo tiempo de ver cómo el nuevo mundo que ella había alumbrado originaba una nueva ciencia y cambiaba una gran parte de lo que se sabía de la antigua.

1867 Marie Skłodowska nace el 7 de noviembre en Varsovia.

1877 Pierre Curie, nacido el 15 de mayo de 1859 en París, se gradúa en Ciencias en la Universidad de la Sorbona.

1880 Pierre y su hermano Jacques descubren la piezoelectricidad.

1883 Pierre es nombrado jefe de laboratorio de la Escuela Municipal de Física y Química Industriales. Marie termina el bachillerato con medalla de honor.

1886 Marie trabaja como institutriz de los Zorawski en Szczuki, empleo que mantendrá tres años.

1891 Marie empieza sus estudios de Física en la Sorbona.

1893 Marie se gradúa en Física.

1894 Marie se gradúa en Matemáticas. Conoce a Pierre.

1895 Pierre presenta su tesis doctoral sobre magnetismo. En julio, Marie y Pierre contraen matrimonio. La pareja tendrá dos hijas: Irène, nacida en 1897, y Ève, nacida en 1904.

1898 Marie y Pierre descubren el polonio y el radio.

1900 Pierre obtiene una plaza de profesor de Física en la Sorbona y Marie da clases en la École Normale de Sèvres.

1903 Marie presenta su tesis doctoral sobre radiactividad. El matrimonio recibe el premio Nobel de Física junto a Henri Becquerel.

1904 Pierre obtiene la cátedra de Física en la Sorbona. Marie es nombrada jefe de laboratorio.

1906 El 19 de abril Pierre Curie muere en París, atropellado por un carruaje. En noviembre, Marie ocupa la cátedra de Física de la Sorbona.

1910 Marie publica el *Tratado sobre la radiactividad.*

1911 Marie es rechazada por la Academia de Ciencias francesa y, el mismo año, recibe el premio Nobel de Química.

1914 Finaliza la construcción del Instituto del Radio en París. Durante la Primera Guerra Mundial, Marie recorre los frentes con unidades móviles de rayos X.

1921 Primer viaje de Marie a Estados Unidos; consigue un gramo de radio.

1934 El 4 de julio Marie muere de anemia aplásica en Sancellemoz (Francia).

1935 Irène y su esposo Frédéric Joliot-Curie reciben el premio Nobel de Química por el descubrimiento de la radiactividad artificial.

1995 Entierro de Pierre y Marie en el Panthéon francés.

CAPÍTULO 1

Una polaca en París

Aunque se veía obligada a recitar las lecciones en ruso, la niña Mania lloró a su madre en polaco; cuando su sueño de libertad se hizo realidad hablaba francés y vivía en una buhardilla gélida del Barrio Latino. La que ya se hacía llamar Marie descubrió en la Sorbona la belleza de la física y de las matemáticas. Poco después sucumbiría al magnetismo de Pierre, mientras los científicos alemanes, ingleses y franceses se peleaban con rayos y espectros.

En un principio, parecía que Marie lo tenía todo para ser una niña feliz, pero durante su infancia vivió dos grandes dramas. El más terrible fue que su hermosa y cultivada madre, Bronisława Boguska, enfermó de tuberculosis poco después de que ella naciera y murió cuando Marie tenía diez años. Ello causó un efecto devastador en toda la familia, pero muy especialmente en su hija pequeña, que la adoraba, y a la cual, por miedo a contagiarla, nunca abrazó.

El otro gran drama en la vida de Marie fue consecuencia de la situación política de Polonia. Desde 1772 el país había desaparecido como Estado y estaba dividido entre Austria, Rusia y Prusia. Varsovia y sus alrededores se hallaban bajo la dominación rusa, cuyo Gobierno había aplastado todo atisbo de rebelión. El abuelo paterno de Marie participó en la revuelta de los jóvenes cadetes que tuvo lugar en 1830 y, tras ser detenido, tuvo que recorrer descalzo 200 km hasta la prisión de Varsovia en la que fue internado. Los cadáveres de los cabecillas que participaron en el levantamiento de 1863 estuvieron colgados en la fortaleza de Varsovia, no lejos de la casa de la calle Freta donde Marie nació cuatro años después, el 7 de noviembre de 1867; sus padres ya tenían otros cuatro hijos: Zofia, Józef, Bronia y Helena.

La represión del levantamiento de 1863 no solo afectó a los que habían participado directamente en la revuelta, sino a todo el pueblo polaco, ya que las autoridades rusas prohibieron el uso del idioma polaco y la enseñanza de la historia y literatura nacionales. No cumplir alguna de estas prohibiciones entrañaba un destierro a Siberia. Este proceso de rusificación era sufrido especialmente por los niños en edad escolar, que debían realizar todos sus estudios en un idioma que les era extraño. A pesar del peligro, una gran parte de los profesores polacos llevaban a cabo una doble enseñanza: una clandestina, en el idioma nativo, que incluía la historia y literatura polacas, y otra oficial, en ruso. Mucho después, la propia Marie describió aquellos momentos en sus *Notas autobiográficas*:

> Los niños eran objeto de sospecha y espionaje; sabían que una sola conversación en polaco o un comentario imprudente les perjudicarían gravemente no solo a ellos, sino también a sus familias. Era tal la hostilidad que perdían la alegría de vivir y de forma prematura el desasosiego y la indignación se apoderaban de su infancia.

PRIMEROS ESTUDIOS Y FORMACIÓN

Cuando los inspectores rusos visitaban su colegio, Marie solía ser la alumna elegida para contestar sus preguntas porque hablaba y escribía ruso a la perfección, aunque le mortificaba extraordinariamente tener que atender a los requerimientos de quienes consideraba esbirros de las autoridades rusas. El sentimiento nacionalista anidó bien pronto en su corazón y permaneció siempre en él, a pesar de que con el tiempo Marie haría de Francia su país de adopción.

La rusificación de Polonia trajo más desgracias a la casa de Marie, pues cesaron a su padre Władysław Skłodowski como director del instituto en el que daba clase debido a su nacionalismo. El padre de Marie tuvo que ocupar puestos de menor categoría y salario, hasta que finalmente fue expulsado del sistema de enseñanza público. Para mantener a su familia se vio obligado a admitir huéspedes, a los que proporcionaba alojamiento, pensión completa e instrucción. Ello tuvo la consecuencia de dejar a dos de sus hijas, Marie y Helena, sin dormitorio: ambas pasaban la noche en los sofás del comedor, que debían desalojar al amanecer para que los huéspedes pudieran tomar el desayuno. Pero lo peor fue que alguno de estos huéspedes debió de llevar a la casa chinches y otros parásitos que contagiaron de tifus a dos de los hermanos de Marie, causando la muerte de Zofia, la hija mayor. La madre, ya muy enferma a causa de la tuberculosis, nunca se recuperó de esta tragedia y murió un año después. A partir de entonces la relación de Marie con su padre y hermanos, particularmente con Bronia, se hizo aún más estrecha.

La difícil situación económica y las muertes familiares no impidieron que Marie terminara a los quince años la educación secundaria con las máximas calificaciones, incluida una mención de honor. A pesar de sus vehementes deseos de seguir estudiando, ni ella ni sus hermanas pudieron ir a la Universidad de Varsovia, porque en ella, como en todas las universidades del Imperio ruso, estaba vedado el acceso a las mujeres. Tampoco pudieron matricularse en una universidad extranjera, porque la ya deteriorada situación económica de la familia se había terminado de hundir cuando Władysław invirtió sus ahorros en un negocio, organizado por uno de sus cuñados, que resultó ruinoso.

Pero ni Marie ni Bronia estaban dispuestas a renunciar a su sueño de ir a París, a la Universidad de la Sorbona, que sí admitía mujeres. Para alcanzar esta meta, Marie propuso a Bronia un pacto según el cual ella trabajaría para pagar los estudios de Medicina de su hermana, y cuando esta los finalizara y comenzara a trabajar, sería Bronia la que financiase los estudios de Marie. Ambas hermanas cumplieron el pacto, pero pasaron siete años antes de que Marie pudiera viajar a París. En el transcurso de los mismos Marie se enamoró del hijo mayor de la familia para la que trabajaba como institutriz, Kazimierz Zorawski, hasta el punto de que hicieron planes de boda. Pero la pareja topó con la oposición frontal de los padres del joven, y el compromiso se deshizo, lo que llenó a Marie de tristeza y amargura cuando aún no había cumplido veinte años.

Durante los años de espera Marie participó activamente en la Universidad Volante, una organización clandestina de enseñanza superior. La mayor parte de sus alumnos eran mujeres, dado que ellas tenían vedado el acceso a cualquier otra forma de educación superior y, en la sojuzgada sociedad polaca, las mujeres tenían un papel protagonista, pues la causa anti-rusa no podía prescindir de nadie. Estas clases, que por motivos de seguridad se impartían cada día en un lugar diferente, fueron determinantes para la futura investigadora. En efecto, durante las mismas Marie, que por aquel entonces escribía poesía y consideraba la posibilidad de convertirse en escritora, confirmó su afición a la ciencia y decidió que dedicaría a ella su vida.

Además, en esa época Marie obtuvo unos conocimientos que habrían de revelarse fundamentales en su futuro trabajo científico. Uno de sus primos maternos, Józef Boguski, director del Museo de Industria y Agricultura, que había realizado estudios de Química en San Petersburgo, le proporcionó la oportunidad de realizar experimentos en un laboratorio. Se trataba de una actividad particularmente difícil en la Polonia bajo autoridad rusa, porque esta había prohibido expresamente a los polacos realizar trabajos experimentales. La reproducción de los experimentos que había encontrado descritos en los textos de química durante incontables tardes de domingo le proporcionó a Marie una base que habría de serle muy útil durante su tesis doctoral.

Józef Boguski había estudiado con el químico Dmitri Mendeléyev, del que posteriormente fue asistente. En 1869, un par de años después del nacimiento de Marie, Mendeléyev había creado la tabla periódica de los elementos químicos. Se trataba de una ingeniosa forma de ordenar los elementos conocidos hasta entonces en columnas que reunían a los que tenían propiedades químicas parecidas. Una de las intuiciones más geniales de Mendeléyev fue predecir la existencia de elementos aún no descubiertos que habrían de rellenar los «huecos» de su magna tabla. Cuando científicos franceses y alemanes descubrieron varios de los elementos cuya existencia había predicho Mendeléyev, este alcanzó fama mundial. Para que Marie tuviera la amplitud de miras que le permitiría en el futuro descubrir nuevos elementos, fue crucial el convencimiento de Mendeléyev de que había elementos químicos que tenían que existir aunque nadie los hubiera descubierto aún.

FOTO SUPERIOR IZQUIERDA:
La madre de Marie, Bronisława Boguska, fallecida en 1878.

FOTO SUPERIOR DERECHA:
Władysław Skłodowski junto a sus hijas Marie, Bronia y Helena, fotografiados en 1890.

FOTO INFERIOR:
Los hijos de la familia Skłodowski: de izquierda a derecha, Zofia (nacida en 1862), Helena (1866), Marie (1867), Józef (1863) y Bronia (1865).

LA TABLA PERIÓDICA DE MENDELÉYEV

Un laboratorio de química no está completo sin una tabla periódica colgando de sus paredes y, en general, a un profesor de Química le parece imposible abordar la enseñanza de su materia sin hacer referencia a ella. La tabla periódica se debe a Dmitri Mendeléyev (1834-1907), un ilustre químico nacido en Siberia. Cuando en 1867 Mendeléyev se enfrentó por primera vez a la tarea de enseñar química inorgánica a sus alumnos de San Petersburgo se encontró con multitud de compuestos, elementos y reacciones sin relación aparente. Con el fin de organizar tal caos, el profesor resumió la información sobre cada elemento en pequeñas tarjetas, las puso en orden creciente de sus pesos atómicos y las agrupó de todas las formas posibles. Desesperado por no encontrar un principio rector, Mendeléyev se durmió sobre su mesa de trabajo y soñó con algo parecido a la tabla periódica. Al despertarse, confeccionó una tabla en la cual el peso atómico de los elementos reflejados en las filas aumentaba de izquierda a derecha. Las columnas, que se denominarían «grupos», incluían los elementos que tenían propiedades químicas similares. Así surgió el germen de la tabla periódica, la principal guía de las propiedades químicas y físicas de los elementos y sus compuestos. Sin embargo, la tabla de Mendeléyev no fue el primer intento de organizar los elementos químicos. Así, en 1829 el químico alemán Johann W. Döbereiner encontró una serie de triadas; en 1864 el inglés John A.R. Newlands amplió esta clasificación y estableció la ley de las octavas, y en 1869 el alemán Julius L. von Meyer llevó a cabo una clasificación muy parecida a la de Mendeléyev. Pero lo que tuvo de singular la clasificación del químico ruso fue su carácter anticipatorio: se predecía la existencia de elementos que, aunque no habían sido descubiertos, debían rellenar los huecos de la tabla. En su audacia, Mendeléyev incluso llegó a predecir los valores de las propiedades de algunos de los elementos inexistentes, en concreto, las del galio, el germanio, el radio y el polonio. Tendría que pasar casi medio siglo para que, con ayuda del modelo atómico nuclear del neozelandés Ernest Rutherford, desarrollado en 1911 y completado en 1913 por el danés Niels Bohr —cuyo modelo incorporaba las ideas cuánticas—, se pudiera justificar la ordenación hallada por Mendeléyev.

LA UNIVERSIDAD DE LA SORBONA

Marie viajó finalmente a París en noviembre de 1891. Tras muchos días de preparativos y el asesoramiento de su hermana, que ya había hecho el viaje en diversas ocasiones, realizó el trayecto de Varsovia a la capital francesa. Por carretera son unos 1 600 km, lo que hoy significa poco más de dos horas en avión. Para ella fueron casi cuatro días de viaje en la clase más barata de un tren cuyo vagón no tenía ni asientos, por lo que junto con el equipaje, los libros, las mantas y la comida tuvo que acarrear hasta una silla. Cuando Marie llegó a París su imagen era muy distinta a la que nos es familiar, pues era una joven algo regordeta y de labios carnosos; su mirada, entre taciturna y curiosa, estaba sombreada por unos rebeldes rizos rubios que habían sido su pesadilla desde la escuela.

Lo primero que hizo la joven fue matricularse en la Universidad de la Sorbona con el nombre afrancesado de Marie Skłodowska (su nombre de nacimiento era Maria Salomea). Era una de las 23 alumnas de sexo femenino de los 1 825 estudiantes de la facultad de Ciencias. De los 9 000 estudiantes que entonces estaban matriculados en la Sorbona, solo 210 eran mujeres, la mayor parte de las cuales estudiaba Medicina. No obstante, el número de las alumnas que se tomaban sus estudios realmente en serio y no se limitaban a asistir a alguna que otra clase era mucho menor. De hecho, en 1893, el año en el que Marie se graduó en Física, en toda la universidad solo se graduó otra alumna.

A pesar de que en el Imperio ruso estaba vedado el acceso de las mujeres a la universidad, en Polonia —y la familia de Marie era un ejemplo de ello— abundaban las mujeres instruidas que ejercían una profesión independiente, como la madre de la futura investigadora, que había sido la directora del mejor pensionado de señoritas de Varsovia. Sin embargo, en Francia, donde las mujeres no tenían que hacer frente a ningún impedimento normativo, las estudiosas se veían como una especie de anomalía de la naturaleza. De este modo, la presencia de alumnas en la Sorbona, generalmente extranjeras, se consideraba como una excentricidad tolerada en un territorio eminentemente masculino. Una muestra de la imagen de las mujeres en la sociedad francesa nos la proporciona el escritor Octave Mirbeau (1848-1917), quien afirmaba que «la mujer no es un cerebro, es sexo, lo que es mucho mejor. Tiene un único papel en este mundo: hacer el amor y perpetuar la especie».

«Resulta imposible describir todo lo que me aportaron aquellos años. Liberada de cualquier obligación material, estaba volcada en la alegría de aprender, aunque mis condiciones de vida no eran idílicas en absoluto.»

— MARIE CURIE, *NOTAS AUTOBIOGRÁFICAS*.

Así pues, en el París de la *Belle Époque* al que llegó Marie se permitía a las mujeres matricularse en la Sorbona, pero la que osaba hacerlo y encima pretendía aprender Física y Matemáticas era considerada un bicho raro. No parece que eso desanimara a Marie, que tenía veinticuatro años recién cumplidos y acababa de llegar a la capital francesa dispuesta a aprovechar su oportunidad por encima de todos los prejuicios y las estrecheces económicas. Como ella misma explicaría más adelante, lo que más disfrutó de esta nueva etapa de su vida fue la sensación de libertad, de ser dueña de todo su tiempo y poder estudiar sin limitaciones, asistiendo a las clases que le gustaban. Además, después de haber tenido que estudiar por su cuenta o con profesores que —con la notable excepción de su primo Józef Boguski— tenían escasa formación, apreció extraordinariamente que la Sorbona contara con uno de los mejores planteles de profesores de ciencias de Europa.

A los pocos meses de llegar a París, dejó la casa de su hermana y alquiló una habitación en el último piso de un edificio del Barrio Latino —zona muy cercana a la Sorbona—, donde llevó una vida espartana. Su tiempo se dividía entre las clases, el trabajo en el laboratorio y el estudio, tanto en las bibliotecas como en su casa. Como su presupuesto era muy escaso, no podía dedicar ni un céntimo a «lujos» tales como comprar carne para alimentarse, carbón para calentarse o cocinar, y ropa de recambio. Tampoco tenía tiempo para otra cosa que no fuera estudiar, por lo que dedicar media mañana a comprar y cocinar no entraba en sus planes. Su parquedad en la comida le provocó un estado de extrema debilidad. Afortunadamente, estaba cerca una compañera que avisó a su hermana, la cual la llevó a su casa para cuidarla. Una vez restablecidas sus fuerzas, Marie volvió a su buhardilla, a sus comidas frugales y a sus interminables horas de estudio.

No solo pasó hambre sino también mucho frío; de hecho, la propia Marie cuenta en sus memorias que en pleno invierno se helaba el agua del lavabo que tenía en su cuarto, y que un día que se quedó sin ropa y mantas que poner sobre la cama llegó a colocar una silla para ver si así entraba en calor. Pero aun alimentándose casi exclusivamente de té, pan y mantequilla, y comiendo de vez en cuando un huevo, a los dos años de llegar a París consiguió graduarse en Física con el número uno de su promoción. Y lo que es más importante, siempre recordó esos años como de completa felicidad: tras haberlo deseado tanto y luchado por ello durante tanto tiempo, por fin había hecho realidad su sueño de estudiar ciencias en una de las mejores universidades.

Sus excelentes notas hicieron que se le concediera una beca de la Fundación Alexandrowitch, destinada a los estudiantes polacos que destacaban y deseaban hacer estudios en el extranjero. Ello le permitió matricularse en Matemáticas el curso siguiente, de nuevo en la Sorbona. Se graduó en julio de 1894 con el número dos, lo cual para ella fue un «fracaso» que se reprochó durante años.

Tras esta segunda graduación Marie recibió otra beca, esta vez francesa, de la Sociedad para el Desarrollo de la Industria Nacional. Su objetivo era estudiar las propiedades magnéticas de los aceros bajo la supervisión del profesor Gabriel Lippmann, uno de sus tutores en la Sorbona. Cuando comenzó a realizar este trabajo, comprobó que en su laboratorio no tenía la instrumentación necesaria y que tampoco contaba con la colaboración de ningún científico experto en ese tema; no obstante, una feliz casualidad vino a solucionar ambos problemas. El doctor Józef Kowalski, a la sazón profesor de Física en la Universidad de Friburgo, estaba en viaje de novios en París tras haberse casado con una joven polaca, conocida de Marie de sus tiempos de institutriz en casa de los Zorawski. Cuando Marie se encontró con ellos y les contó sus problemas, Kowalski le dijo que conocía a la persona que mejor podía ayudarla, el científico que más sabía de magnetismo no solo en Francia, sino en todo el continente: Pierre Curie. Una tarde de la primavera de 1894 Kowalski los invitó a ambos.

EL MAGNETISMO DE PIERRE

Los biógrafos oficiales, entre ellos la propia Marie y su hija Ève, dicen que Pierre y Marie congeniaron nada más conocerse; hoy se diría que hubo un «flechazo». Ambas expresiones resultan pobres para definir lo que debió de surgir entre ellos, algo tan intenso como los campos magnéticos que había usado Pierre para estudiar el magnetismo. Tanto, que desvió la férrea trayectoria que se había trazado Marie, que había ido a París con el único objetivo de estudiar en la Sorbona para poder servir mejor a su patria. Una vez obtenidas las graduaciones en Física y Matemáticas y finalizada la beca para el estudio de los aceros, los planes de Marie eran volver a Varsovia. Quería ayudar a su país de la forma que mejor sabía: enseñando a sus compatriotas. Así, en el verano de 1894 Marie pensó que dejaba París para siempre.

Pero los planes de Marie no podían prever el encuentro con Pierre. Este por primera vez en su vida dejó su incapacidad crónica para tomar decisiones e hizo lo posible y lo imposible para convencerla de que volviera. Pierre no tenía ninguna relación cuando conoció a Marie; vivía para la ciencia y no estaba dispuesto a compartir su vida con alguien que no tuviera el mismo objetivo que él. Su opinión respecto a la capacidad científica de las mujeres no era muy halagüeña, pero eso, como muchas otras cosas en su vida, habría de cambiar drásticamente tras conocer a Marie. Los cambios no serían menos radicales en la vida de la joven.

Así pues, aquel señor serio y tímido, que a sus treinta y cinco años no se le había conocido ninguna novia, anduvo todo el verano buscando la forma de encontrarse con Marie. Ir a visitarla a Varsovia le parecía una intromisión excesiva, pero pensó que quizá se podrían ver en Suiza, cuando ella fuera allí unos días de vacaciones con su padre. Al final no se atrevió a planteárselo — se lo contaría más tarde—, pero no dejó de escribirle cartas con su característica redacción caótica. En esas cartas le hablaba de la posibilidad de que ambos compartieran sus sueños de dedicarse a la ciencia. También le hacía propuestas insólitas, como alquilar entre los dos un apartamento que estaba cerca del laboratorio donde ambos trabajaban. Hoy parece natural que un hombre y una mujer vivan juntos sin formalizar su relación, pero a finales del siglo XIX la propuesta de compartir casa sin estar casados debió resultar escandalosa, incluso para alguien como Marie, que prestaba tan poca atención a las apariencias. Una cosa es que lo hubiera invitado a visitarla en su buhardilla del Barrio Latino, en la que vivía sola, y otra muy distinta que aceptara una propuesta de vivir con él, por muy conveniente que resultara para ambos el apartamento que Pierre había encontrado.

Pierre Curie había comenzado en 1891 el estudio de las propiedades magnéticas de varios compuestos y elementos. En aquellos momentos se tenía un conocimiento muy vago del magnetismo, pero se sabía que las sustancias podían dividirse en tres grupos dependiendo de su comportamiento en presencia de campos magnéticos. El grupo más numeroso era el de las sustancias diamagnéticas; es decir, el de las sustancias débilmente magnéticas que se oponían al campo magnético aplicado. En cambio, las sustancias paramagnéticas se alineaban a favor de un campo magnético externo. Por último, las sustancias fuertemente magnéticas o ferromagnéticas, entre las que se encontraba el hierro, se orientaban a favor del campo magnético. Pierre estudió el comportamiento de veinte sustancias en campos magnéticos mientras las calentaba a altas temperaturas y encontró que las sustancias diamagnéticas no se alteraban con la temperatura, mientras que las paramagnéticas perdían sus propiedades magnéticas conforme aumentaba la temperatura. Pero lo más llamativo se refería a las sustancias ferromagnéticas, que perdían sus propiedades y se transformaban en paramagnéticas por encima de una temperatura dada (denominada «temperatura de Curie» en honor a Pierre).

Los resultados de este trabajo constituyeron su tesis doctoral, que Pierre presentó el 6 de marzo de 1895. Fue una tesis memorable que revolucionó el conocimiento que se tenía del magnetismo en aquellos momentos. Entre los asistentes a la disertación estaba el orgulloso doctor Eugène Curie; como padre, podía tener la satisfacción de comprobar lo acertado de su decisión de no llevar a la escuela a su hijo aparentemente «torpe», y en lugar de ello educarlo en su casa para no alterar su particular ritmo de aprendizaje. Otra de las personas presentes en la disertación era la estudiante polaca que había solicitado la ayuda de Pierre cuando investigaba las propiedades magnéticas de los aceros. La joven debía haberlo impresionado mucho, pues poco después de conocerla Pierre le había regalado un inusual *billet doux*: un ejemplar dedicado del artículo en el que había formulado el *Principio universal de simetría*.

El carácter práctico de ella y la posibilidad que debió de entrever Pierre de formar una familia, probablemente fueron determinantes para que el científico se decidiera por fin a obtener el grado de doctor. Independientemente de los motivos que le impulsaran a presentar su tesis, fue una decisión muy rentable, pues al poco de defenderla Pierre obtuvo una cátedra en la Escuela de Física y Química Industriales. Por otra parte, Pierre atrajo la atención de la Academia de Ciencias francesa, que poco después les concedió a él y a su hermano el premio Planté por el descubrimiento de la piezoelectricidad, realizado cuando Pierre tenía poco más de veinte años. Estos reconocimientos no eran una mera casualidad; de hecho, cuando se doctoró, Pierre ya era un investigador que había obtenido resultados de primera magnitud en varios campos —tales como la simetría de los compuestos cristalinos, la piezoelectricidad y el magnetismo— y sus trabajos habían atraído la atención de prestigiosos científicos extranjeros, como lord Kelvin. El hecho de que no hubiera presentado una tesis hasta entonces no se debía a su falta de celo investigador, sino a su despreocupación por los honores y las formas académicas.

FOTO SUPERIOR:
Marie (en la esquina inferior izquierda) en una reunión familiar. La fotografía fue tomada cuando la joven todavía vivía en Varsovia.

FOTO INFERIOR IZQUIERDA:
Marie en el balcón de la casa de los Dluski en la calle Allemagne en una fotografía realizada un poco después de su llegada a París. Esta foto siempre fue la favorita de Pierre.

FOTO INFERIOR DERECHA:
El matrimonio Curie y las bicicletas con las que realizaron el viaje de recién casados.

PIEZOELECTRICIDAD: UNA CUESTIÓN DE SIMETRÍA

El mecanismo de encendido de muchas cocinas de gas se basa en un fenómeno descubierto por Pierre Curie junto con su hermano Jacques. Consiste en la creación de cargas en determinadas sustancias mediante presión, y es consecuencia de la falta de un elemento de simetría, el centro de inversión. Cuando se hace presión en un determinado eje del cuarzo o de la turmalina, las cargas se distribuyen asimétricamente en las caras perpendiculares a ese eje y se genera una pequeña diferencia de potencial. La primera aplicación de interés estratégico de este fenómeno fue el sónar piezoeléctrico que desarrolló Paul Langevin durante la Primera Guerra Mundial para la detección de submarinos. El sistema piezoeléctrico conectado a un hidrófono emitía señales de alta frecuencia y, al medir el tiempo que tardaba en oírse el eco, se podía calcular la distancia del objeto. Posteriormente se han desarrollado infinidad de aplicaciones; una de las más simples es el encendedor de cigarrillos: al apretar el botón, un percutor golpea el cristal piezoeléctrico y se genera un alto voltaje en ambos extremos del cristal, que produce una chispa que causa la ignición del gas.

Cristales piezoeléctricos

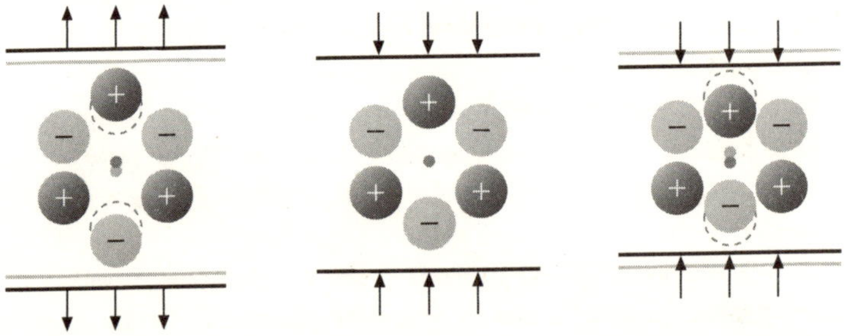

Distribución de cargas en una sustancia sin centro de inversión: en el centro, la distribución simétrica; a la izquierda, la elongación, y a la derecha, la compresión a lo largo de uno de los ejes paralelo al plano del papel.

EL MATRIMONIO

El cambio más notable en la vida de Pierre tras la lectura de su tesis no fue variar su estatus académico, sino su estado civil. A priori, parecía difícil que dos personas que provenían de ciudades tan distantes, París y Varsovia, capitales de sociedades tan diferentes, la deslumbrante Francia de finales del siglo XIX y la Polonia desmembrada, pudieran llegar a entenderse. Pero a pesar de la distancia que separaba sus lugares de origen, había muchas cosas que los unían. Ambos provenían de entornos familiares parecidos, cuyos miembros estaban muy unidos y sentían gran devoción por el conocimiento científico. En las dos familias había mucha más formación académica que dinero, y los padres de ambos eran en cierto modo científicos frustrados.

Pero había una diferencia fundamental en su formación académica: mientras Marie fue una alumna modelo que obtuvo las máximas calificaciones en todos sus estudios, Pierre, debido a una especie de dislexia que le hacía difícil escribir, se educó al margen de la enseñanza reglada. El choque entre la férrea disciplina de Marie y la creatividad desbordante y caótica de Pierre debió de ocasionar numerosos conflictos, pero, a la postre, ambos caracteres se complementaron extraordinariamente, tanto en lo personal como en lo profesional. Su amor por la ciencia era tan incondicional como su desprecio por el dinero y la fama. Vivir de un modo espartano, sin concesiones a modas o caprichos, era considerado natural por ambos. Por último, aunque de distinta forma, los dos habían sido profundamente heridos: Pierre por la muerte de una compañera de adolescencia, Marie por el desprecio de los Zorawski.

La boda se celebró el 26 de julio de 1895 en el ayuntamiento de Sceaux, el pueblo a las afueras de París donde vivía Pierre con sus padres. La concesión más frívola que hizo Marie para festejar el evento fue comprarse un traje nuevo, pero tuvo buen cuidado de que fuera azul marino para poder usarlo después en el laboratorio. Por expreso deseo de ambos contrayentes la ceremonia fue laica. Pierre no había sido bautizado y tampoco había recibido ninguna educación religiosa debido a las convicciones ateas de su padre. La madre de Marie, en cambio, era una ferviente católica que educó a sus hijos en esa religión, pero su temprana muerte, que había causado a Marie tanto dolor, borró en la joven todo rastro de fe.

Los recién casados realizaron su luna de miel por los campos de Bretaña en las bicicletas que se compraron con el dinero que habían recibido como regalo de boda. A finales del siglo XIX la bicicleta fue la protagonista involuntaria de una revolución sin precedentes en el comportamiento femenino. En aquella época aparecieron los primeros diseños que tenían las dos ruedas del mismo tamaño, lo que las convertía en un sistema de transporte eficaz y las hacía asequibles a las mujeres. El vestuario de estas, que incluía corsés, faldas con mucha tela y aparatosos sombreros, tuvo que simplificarse para adaptarse al uso del nuevo vehículo. Las faldas se acortaron y recogieron, complementándose con bombachos, medias hasta la rodilla y botines. Los sombreros se aligeraron y se fijaron a la cabeza, y los corsés se redujeron al mínimo para facilitar los movimientos. Todos estos cambios no fueron una simple cuestión de moda, sino que supusieron toda una revolución en el comportamiento de las mujeres.

Marie se convirtió en una ciclista apasionada y adecuó su vestuario a las necesidades de la bicicleta, como puede verse en la famosa foto en la que aparece con Pierre frente a la casa de los padres de este en Sceaux. La pareja se hizo esta fotografía junto a sus flamantes bicicletas poco después de su boda, y en ella Marie luce un pequeño sombrerito de paja y un traje bastante corto, por debajo del cual se ven los botines. La joven no limitó el uso de la bicicleta a ese viaje, pues como era un medio de transporte muy barato, se convirtió en el vehículo familiar. Además, como Marie era una ferviente partidaria del ejercicio al aire libre, la bicicleta era la protagonista de muchas jornadas de asueto.

A la vuelta del viaje de novios, la pareja se instaló en un pequeño apartamento en la calle Glacière —cerca de la Escuela de Física y Química Industriales—, que decoraron con los muebles descartados por sus familias. Pierre retomó su trabajo como profesor y también sus investigaciones sobre la simetría de los cristales y el magnetismo. Como su sueldo no daba para mantener una familia, incluso una con tan pocas necesidades como la formada por ellos dos, Marie comenzó a preparar oposiciones para obtener el puesto de profesora, obteniendo el número uno en los exámenes que realizó el verano de 1896. Ello la habilitaba para impartir clases en las Écoles Normales para señoritas, tarea que desempeñó en Sèvres a partir de 1900. Además, Marie retomó sus estudios sobre la imantación de los aceros templados, pero no los llevó a cabo en el laboratorio de Lippmann en la Sorbona, sino que lo hizo en la Escuela de Física y Química Industriales, donde trabajaba Pierre. Paul Schutzenberger, director de la Escuela de Física y Química Industriales y tenaz protector de Pierre, autorizó en un alarde de modernidad su trabajo en el mismo lugar en el que Pierre había realizado los experimentos de su tesis. Marie completó sus investigaciones en 1897, cuando la primera hija del matrimonio ya estaba en camino, y publicó los resultados en 1898.

> «Durante las vacaciones íbamos en bicicleta aún más lejos. Recorrimos gran parte de la Auvernia y las Cevennes, así como varias regiones costeras. Estas excursiones de todo un día, tras las cuales llegábamos a un lugar diferente cada noche, eran una delicia.»
>
> — Marie Curie, *Notas autobiográficas*.

El nacimiento de Irène el 12 de septiembre de 1897 no hizo desistir a Marie de sus propósitos de desarrollar una carrera científica. Pierre ni siquiera se planteó tal posibilidad y Marie encontró un apoyo inestimable en otro hombre de la familia Curie. En el momento del parto, fue providencial la presencia de su suegro Eugène Curie, que, aunque jubilado, ejerció como médico en el alumbramiento. Tras la muerte de su esposa a las dos semanas del nacimiento de Irène, Eugène desmontó su propia casa y se instaló en la de Marie y Pierre, dedicándose al cuidado de su nieta en cuerpo y alma. Así, aunque Marie tomaba nota meticulosamente de todos los progresos físicos y mentales de su hija y cosía todos sus vestidos, era el abuelo Eugène el que supervisaba el trabajo de las nodrizas polacas que la criaban y el que jugaba con ella.

Eugène debía de ser un hombre excepcional pues no solo no criticó el inhabitual comportamiento de su nuera, sino que la apoyó en todas las decisiones que tomó. Cuando Marie volvió al laboratorio tres meses después del nacimiento de Irène, sabía que dejaba la niña en buenas manos. Marie iba a necesitar toda su energía para abordar su nuevo trabajo de investigación, pues con él pretendía obtener el grado de doctor en ciencias, que habría de ser el primero otorgado a una mujer en los más de seiscientos años de historia de la Sorbona.

UNOS RAYOS EN LA OSCURIDAD

Lo primero que se planteó el matrimonio fue qué iba a investigar Marie para obtener el grado de doctor. Pierre era un científico de prestigio cuando conoció a Marie, hecho del cual ella era plenamente consciente, a pesar de la falta de reconocimiento por parte de las instituciones en las que se enmarcaba la ciencia oficial en Francia: la universidad, especialmente la Sorbona, y la Academia Francesa. Pierre había sido pionero en campos de investigación diversos y, como atestiguaban sus alumnos, era un excelente mentor. Marie, por tanto, podría haber realizado un trabajo extraordinario en cualquiera de los campos en los que Pierre era maestro. Sin embargo, ella estaba fascinada por los intrigantes «rayos uránicos» descubiertos por Henri Becquerel un par de años antes. De este modo, decidió que su tesis doctoral se centraría en esta materia; la estudiante polaca novata no se limitó a seguir la estela del brillante científico con el que se había casado, sino que decidió abrir su propia senda. Y esta resultó ser tan fascinante que Marie terminó arrastrando al genial y soñador Pierre al nuevo campo de investigación. Ambos terminarían triunfando donde Henri Becquerel, reconocido miembro de la Academia Francesa, había fracasado.

En los últimos años del siglo XIX los científicos de París, como los de toda Europa, estaban revolucionados por el descubrimiento que había realizado en noviembre de 1895 Wilhelm Conrad Roentgen, un profesor de Física de la universidad alemana de Würzburg. Roentgen estudiaba los efectos de las descargas eléctricas en tubos de vacío de Crookes y las propiedades de los rayos catódicos producidos en ellos. El científico observó que, además de los rayos catódicos, en el tubo se producían otros tipos de rayos.

Roentgen los denominó «rayos X», el símbolo por antonomasia de las variables desconocidas, porque tenían unas propiedades que los diferenciaban de todos los rayos conocidos hasta entonces. Por ejemplo, permitían ver los huesos sin causar daños en los tejidos que los rodean, capacidad que Roentgen puso de manifiesto en la radiografía más famosa de la historia, la que muestra la mano de su esposa Bertha con un anillo en el dedo anular. Las propiedades de estos rayos eran tan fascinantes que su popularidad desbordó el ámbito científico y ocupó las portadas de todos los periódicos. De inmediato se planteó la posibilidad de emplearlos en medicina, tanto para diagnóstico como para tratamiento. Se debatió incluso si, dada su capacidad de revelar cosas ocultas, su uso podría atentar contra el honor y el decoro de las damas.

En laboratorios de todo el mundo se desató una fiebre por descubrir rayos de propiedades singulares que los hicieran tan fascinantes como los rayos X. Apenas un mes después de que su descubridor los diera a conocer, el 20 de enero de 1896, los rayos X fueron presentados oficialmente en París por el presidente de la Academia de Ciencias francesa, Henri Poincaré. El prestigioso científico apuntó la posibilidad de que hubiera una relación entre los rayos X y la fosforescencia, la capacidad de algunas sustancias de emitir luz tras haber sido iluminadas. Entre los investigadores franceses que asistieron a la presentación se encontraba Henri Becquerel, miembro de una dinastía dedicada al estudio de los fenómenos de fosforescencia.

El interés de la familia Becquerel por este tipo de fenómenos surgió en un viaje a Venecia realizado por el abuelo de Henri, Antoine (1788-1878), durante el cual quedó impresionado por la fosforescencia del mar. Por sus estudios sobre la electricidad, Antoine llegó a ser miembro de la Royal Society inglesa, un honor reservado a muy pocos extranjeros. También fue el primer Becquerel que dirigió el laboratorio de Física Aplicada del Museo de Historia Natural de Francia, cargo que habrían de ostentar de

TUBOS DE CROOKES, RAYOS X Y CRISTALOGRAFÍA

El químico inglés *sir* William Crookes (1832-1919) estudió la conductividad de gases a muy bajas presiones y para ello diseñó y construyó los tubos que llevan su nombre. El científico observó que si en los extremos de un tubo en el que se había hecho vacío ponía dos electrodos a los que aplicaba altos voltajes, el tubo era recorrido por unos rayos que salían del cátodo —y por ello los llamó «rayos catódicos»— y hacían brillar las pantallas fluorescentes sobre las que incidían. Lo espectacular de estos resultados atrajo la atención de otros investigadores. Así, el 8 de noviembre de 1895 el físico alemán Wilhelm Conrad Roentgen (1845-1923) observó que, cuando los rayos catódicos chocaban con la superficie del metal del ánodo en un tubo de Crookes, producían otros rayos con propiedades singulares: eran invisibles, salían del tubo y eran capaces de atravesar un cartón negro y hacer brillar una pantalla fluorescente. Los llamó «rayos X» por sus intrigantes propiedades y a las pocas semanas de su

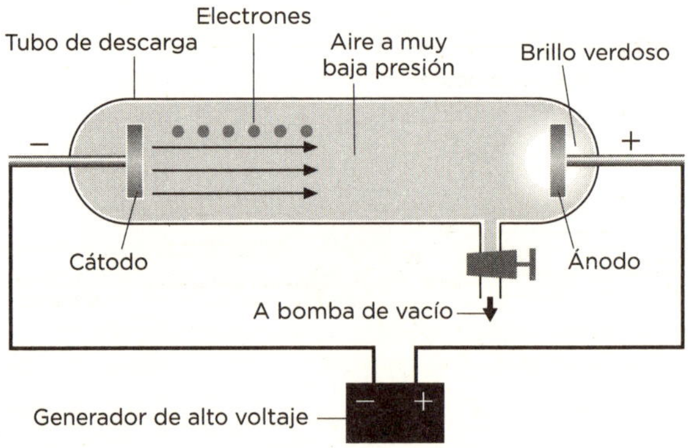

Producción de los rayos catódicos.

forma ininterrumpida miembros de su familia a lo largo de casi cien años. Su hijo, Alexandre Edmond (1820-1891), siguió estudiando los fenómenos de fosforescencia y sucedió a su padre en el cargo de director del laboratorio del museo. Su nieto, Henri (1852-1907), que nació en la vivienda del museo reservada a la familia de su director, estudió primero en la École Polytechnique y posteriormente en la École Nationale de Ponts et Chaussées.

descubrimiento —que acabaría brindando a Roentgen el primer premio Nobel de Física— ya fueron aplicados en medicina, revolucionando las técnicas de diagnóstico y de terapia. La curiosidad que los rayos X suscitaron entre los científicos dio lugar a otros descubrimientos, entre ellos el de la radiactividad. Pero nadie pensó que pudieran tener otra aplicación hasta que en 1912 el físico alemán Max von Laue (1879-1960) comprobó que cuando atravesaban unos cristales de sulfato de cobre producían unos puntos característicos en una placa fotográfica. Al año siguiente el físico británico William Henry Bragg (1862-1942) y su hijo William Lawrence (1890-1971) descubrieron que la longitud de onda de los rayos X (λ) estaba relacionada con las distancias que separaban las filas de átomos en el cristal (d) y con el ángulo con el que incidían los rayos sobre el cristal (θ), en una relación matemática que se denomina en su honor ley de Bragg: $n\lambda = 2d \operatorname{sen} \theta$. Los descubrimientos de los Bragg y Von Laue dotaron a los científicos de la más poderosa herramienta de análisis de la estructura de todo tipo de sustancias, lo que ha permitido el entendimiento de multitud de procesos físicos, químicos y biológicos.

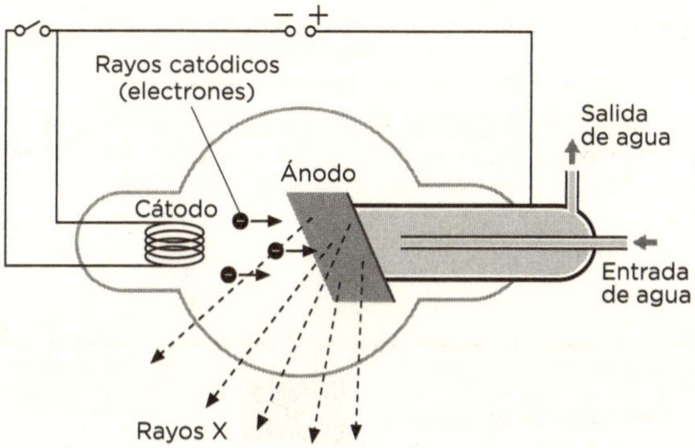

Esquema de un tubo de rayos X refrigerado por agua.

Desarrolló su carrera científica bajo la dirección de su padre, al cual sustituyó como director del laboratorio del museo. Unos años antes, en 1889, había sido elegido miembro de la Academia Francesa, de la que llegaría a ser secretario vitalicio, y en 1895 obtuvo una cátedra en la École Polytechnique. Su hijo, Jean Becquerel (1878-1953), le sucedió como director del laboratorio de Física Aplicada del museo.

RAYOS CATÓDICOS Y PASTEL DE PASAS

En 1897 Joseph John Thomson (1856-1940), director del laboratorio Cavendish de Cambridge, demostró que los rayos catódicos producidos en los tubos de Crookes eran chorros de partículas con carga negativa. El físico estudió las desviaciones que sufrían los rayos en presencia de campos magnéticos y eléctricos, y de los resultados dedujo que la masa de las partículas que los formaban era unas 1 800 veces menor que la del átomo más ligero conocido, el hidrógeno. Además, vio que estas partículas eran comunes a todos los átomos, por lo que debían ser parte de los mismos. A raíz de este descubrimiento, el modelo atómico de Dalton —según el cual los átomos eran indivisibles— quedó invalidado. Thomson propuso un nuevo modelo atómico, bautizándolo como «pastel de pasas». Esta denominación tan peculiar es muy apropiada, ya que hace referencia a la suposición de Thomson de que toda la carga positiva (y con ella casi toda la masa) del átomo se distribuía uniformemente ocupando todo su volumen *(la masa del pastel)*, estando las cargas negativas (los electrones, es decir, *las pasas*) incrustadas en la misma. Evidentemente, se trataba de una imagen muy primitiva y distante de la realidad tal y como hoy la conocemos, pero supuso un enorme paso hacia delante al introducir la naturaleza compleja del átomo. Thomson determinó la relación carga/masa de las partículas que formaban los rayos catódicos estudiando cómo eran desviados por campos eléctricos y magnéticos. Años más tarde, Thomson desarrolló una técnica de análisis químico, la espectroscopia de masas, con la cual su alumno Francis William Aston (1877-1945) descubrió los isótopos, átomos con igual número de protones (número atómico) en el núcleo, pero distinto número de neutrones, es decir, distinto número másico. Thomson obtuvo el premio Nobel de Física en 1906 por haber descubierto que los rayos catódicos estaban formados por partículas, que luego se llamarían electrones.

Los rayos catódicos (línea central) son desviados por un campo eléctrico (rectángulo gris central).

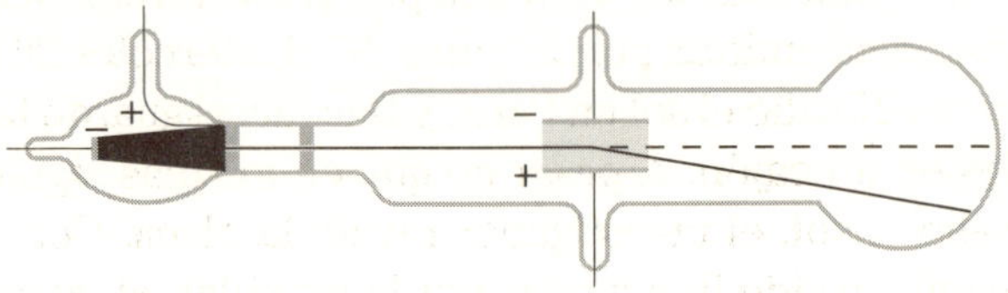

BECQUEREL Y LA RADIACTIVIDAD

Henri Becquerel figura como el descubridor oficial de la radiactividad, aunque ni le dio el nombre —se lo dio Marie— ni la descubrió realmente, ya que el fenómeno había sido descubierto años antes por Niépce de Saint-Victor (1805-1870), investigador francés que entre 1856 y 1861 publicó varios trabajos sobre las radiaciones que emitían las sales de uranio. Sin embargo, debe tenerse presente que en ciencia no es extraño que el descubridor oficial de un fenómeno no sea el primero en observarlo. Para que se reconozca y se admita como parte del conocimiento científico un descubrimiento no solo tiene que ser publicado en una revista de prestigio, sino que debe ser defendido hasta tener credibilidad entre la comunidad científica. Pero, además, la ciencia tiene que estar madura para recibirlo. Así, por ejemplo, el abuelo de Henri descubrió la piezoelectricidad sesenta años antes que Pierre y Jacques, pero ni él ni sus contemporáneos supieron explicar el fenómeno ni le encontraron aplicación, por lo que cayó en el olvido. Algo parecido debió de pasar con el descubrimiento de Niépce.

Como continuación de los trabajos que ya habían realizado su padre y su abuelo, Henri Becquerel estudiaba los fenómenos de fosforescencia, centrándose en las sales de uranio. Para detectar la radiación emitida empleaba placas fotográficas, y como fuente de iluminación, la luz del sol. Teniendo que hacer una presentación en la Academia de Ciencias a comienzos de marzo de 1896, a finales de febrero preparó las sales de uranio sobre la placa. Empleaba una emulsión de plata, que cubría con un papel negro para que no se velara tras ser irradiada por la luz del sol, pero sí por la fosforescencia emitida por las sales. Ni el miércoles 26 de febrero ni el jueves 27 salió el sol en París, y Becquerel guardó la placa con las sales en un cajón. A pesar de que en los días siguientes tampoco salió el sol, el investigador reveló la placa. Como las sales apenas habían sido iluminadas por la luz solar, el científico esperaba que la fosforescencia emitida por ellas fuera muy débil. Sin embargo, observó que la impresión en la placa fotográfica era nítida. Repitió el experimento para confirmar que la emisión de radiación tenía lugar sin que mediara ningún proceso de iluminación que activara la fosforescencia, y comprobó que las sales seguían emitiendo fosforescencia tras permanecer varios días en la oscuridad. Becquerel presentó los resultados en la siguiente sesión de la

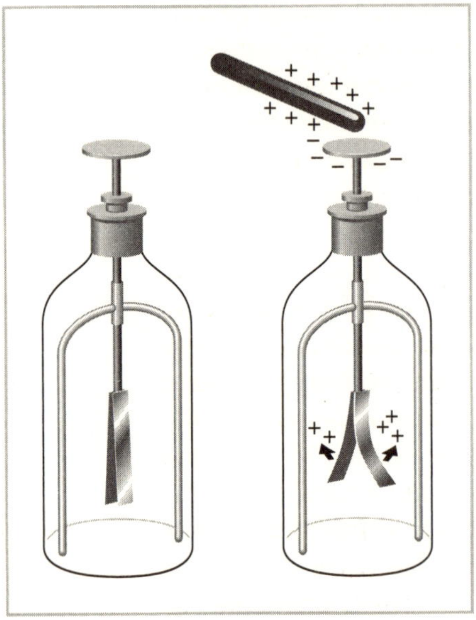

Academia de Ciencias para pasmo de los asistentes y sorpresa del resto de los laboratorios europeos. El investigador propuso entonces que el fenómeno era una fosforescencia, pero no la ordinaria registrada hasta entonces para las sales de uranio, sino una «invisible y de larga duración».

Becquerel repitió sus experimentos intentando cuantificarlos con un dispositivo que detectara la radiación con mayor rapidez y precisión que las proporcionadas por la placa fotográfica. Para comprobar si los rayos ionizaban el aire, es decir, si liberaban carga en el mismo y lo volvían conductor, decidió emplear un electroscopio, aparato usado en los primeros estudios de electrostática. Este es el dispositivo que se incluye en la figura, formado por un vástago conductor que se coloca dentro de un recipiente en cuyo extremo tiene una laminilla de oro. Para saber si un cuerpo tiene carga eléctrica, no hay más que ponerlo en contacto con el extremo superior del vástago conductor. Si el cuerpo tiene carga, esta llega a través del vástago hasta la laminilla de oro, que es repelida por el vástago, cuya carga es del mismo signo. Como consecuencia de esta repulsión, la laminilla se levanta. A mayor carga, mayor es el ángulo que separa la laminilla del vástago.

Becquerel comprobó que un electroscopio cargado se descargaba por efecto de los rayos uránicos. Ello indicaba que estos ionizaban (cargaban) el medio (el aire) en el que se propagaban. No obstante, el intento de cuantificación de la radiación resultó infructuoso: solo pudo establecer una relación entre el ángulo de separación de la laminilla de oro del eje principal del electroscopio y el tiempo de irradiación. Pero los resultados no eran reproducibles, dado que la variación del ángulo era una magnitud que no permitía una medición precisa.

A continuación, comprobó que las sales de uranio en disolución también realizaban emisiones, poniendo de manifiesto que los rayos uránicos no eran una propiedad exclusiva de los sólidos. Aunque Becquerel insistía en llamar al nuevo fenómeno «fosforescencia invisible» —tres generaciones de la familia dedicadas a la fosforescencia debían de pesar mucho—, cada vez era más evidente que aquello no tenía nada que ver con lo que habían estudiado su padre y su abuelo. De hecho, parecía presentar más similitudes con los rayos X, por lo que Becquerel se aprestó a comprobar si, por analogía con estos, los rayos uránicos sufrían fenómenos de dispersión —cambio de dirección de propagación al encontrar obstáculos en su camino— y si eran absorbidos por distintas sustancias. El científico observó que su comportamiento no era semejante al de los rayos X (hoy sabemos que los «rayos uránicos» incluyen diferentes tipos de radiación, uno de los cuales es similar a los rayos X, pero los otros no; la complejidad de los rayos uránicos era desconocida por Becquerel).

También investigó si la especie responsable de la emisión era el elemento químico uranio o alguno de sus compuestos. Observó que el fenómeno aparecía tanto en las sales de color amarillo que presentaban fosforescencia, en las cuales el estado de oxidación del uranio es +6 (es decir, ha perdido 6 electrones de su corteza), como en las sales verdes, de uranio +4, que no la presentaban. Luego midió la emisión del uranio puro empleando el método fotográfico con el que inició sus investigaciones, y comprobó que era la más intensa de todas las analizadas, lo cual confirmó que se trataba de un fenómeno atómico asociado al elemento uranio.

En 1897 Becquerel fue elegido presidente anual de la Sociedad de Física, cargo que conllevaba trabajos burocráticos y de representación, por lo que no siguió haciendo experimentos en este ámbito. Solo realizó una única presentación, que resumía los resultados de sus trabajos que indicaban que los rayos uránicos descargaban los electroscopios. Tras ello, Becquerel volvió a un terreno conocido, el estudio de la fosforescencia «clásica», dejando a los rayos uránicos en el limbo.

FOSFORESCENCIA: DEL NAUTILUS AL LABORATORIO

Aunque las historias de marineros que veían brillar el mar por la noche se conocían desde antiguo, fue Julio Verne quien las hizo verosímiles al ponerlas en boca del capitán del *Nautilus* en su novela *Veinte mil leguas de viaje submarino*. Nemo atribuyó la existencia de un «mar lechoso» a la presencia de millones de infusoria, un pequeño microorganismo marino que brilla en la oscuridad. La novela se publicó en 1870, pero este fenómeno ya había atraído la atención de Antoine Becquerel mucho antes, a principios del siglo XIX. El científico observó que muchos minerales presentaban la capacidad de brillar en la oscuridad e instruyó a su hijo en el estudio del fenómeno. Su nieto, que había continuado las investigaciones familiares, terminó descubriendo la radiactividad en un compuesto fosforescente de uranio. Este es uno de los fenómenos de emisión de luz en la oscuridad que, en conjunto, se denominan «luminiscencia». Dependiendo de los factores que lo originen se habla de «fotoluminiscencia», cuando la causa de la emisión de luz es otra luz, aunque de longitud de onda distinta; de «quimioluminiscencia», cuando la causa es una reacción química, y de «bioluminiscencia», cuando la luz es emitida por seres vivos. A su vez, la fotoluminiscencia puede ser «fluorescencia», cuando la emisión de luz es simultánea a la exposición a la luz que la produce (no es exactamente simultánea, pero el lapso de tiempo entre uno y otro proceso es muy corto, del orden de 10 nanosegundos, $0{,}00000001 = 10 \cdot 10^{-9}$ segundos), o «fosforescencia», cuando es posterior (o, más precisamente, cuando el lapso de tiempo entre exposición a la luz y emisión es superior a 10 nanosegundos, pudiendo llegar a ser de varias horas). La causa del retraso en la emisión de

Se ha especulado sobre los motivos que llevaron al olvido los rayos descubiertos por Becquerel. Quizá al compararlos con los rayos X y comprobar que proporcionaban unas imágenes mucho menos nítidas que estos, resultaron poco atractivos. Por otro lado, no eran tan fáciles de producir, dado que hacía falta tener compuestos de uranio, lo que, a diferencia de los tubos de vacío y los generadores necesarios para producir rayos X, no estaba al alcance de todos los laboratorios. Pero lo más decisivo para su abandono fue que el fenómeno excedía la capacidad de comprensión de los científicos de la época, ya que por más experimentos que hacía Becquerel no era capaz de contestar a las preguntas más elementales sobre su naturaleza. La primera de ellas tenía que ver

luz en la fosforescencia se debe a un entrecruzamiento de los estados electrónicos con multiplicidad de espín distinta. Ello se traduce en una menor probabilidad de que la transición se produzca. Estos procesos, que se describen en el formalismo probabilístico de la física cuántica, fueron parte de la fenomenología inexplicable con la física en vigor a finales del siglo XIX. Por otra parte, debe señalarse que, evidentemente, ningún fenómeno de luminiscencia tiene la más mínima relación con la radiactividad, que es un fenómeno espontáneo en el cual no hay ninguna fuente de excitación previa de origen lumínico, químico o animal.

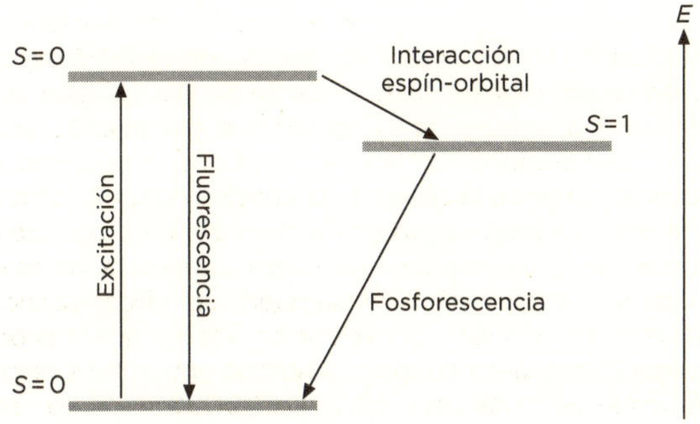

Esquema que muestra la diferencia entre fluorescencia y fosforescencia (donde *S* es la multiplicidad de espín, y *E*, la energía).

con la fuente de energía del proceso: dado que no necesitaban irradiación, ¿qué causaba los rayos uránicos y de dónde salía su energía? Aparentemente esta última era inagotable, por lo que la mera existencia del fenómeno parecía violar el principio de conservación de la energía.

CAPÍTULO 2

Polonio y radio

Marie decidió estudiar
los más incomprensibles de los rayos
descubiertos a finales del siglo XIX, los rayos uránicos.
Sin laboratorio ni medios, pero con sus conocimientos
de química y la balanza de cuarzo inventada por
Pierre, abordó su investigación de forma original
y, con la ayuda de su esposo, descubrió dos
nuevos elementos, a los que llamó polonio
—en honor a su país natal— y radio.

Cuando todos parecían haberse olvidado de los rayos uránicos, una joven polaca graduada en Física y Matemáticas por la Sorbona, que acababa de tener una niña y estaba casada con un científico desclasado, se interesó por ellos. Y, según se dice, allí donde la aproximación física de Becquerel fracasó, triunfó la aproximación química de Marie. Sin embargo, la historia no fue tan simple. No hay duda de que el principal éxito de Marie fue poner a punto un método eficiente de separación de los nuevos elementos químicos. Pero para llegar al descubrimiento de los mismos tuvo que hacer infinitas medidas «físicas» de la carga eléctrica producida por los rayos, mediciones que también intentó Becquerel, aunque sin éxito. Es decir, que no triunfó la química donde había fracasado la física, sino que triunfó el genio creativo y el tesón de Marie. También fue determinante su aproximación al estudio del fenómeno libre de los prejuicios que podrían haberla atenazado si hubiera abordado un tema de investigación «heredado», como fue el caso de Becquerel. Y posiblemente, por encima de todo, fue decisiva la energía de la juventud de Marie, que tenía todo por demostrar, mientras que el maduro Becquerel ya tenía poco que ganar.

De entrada, Marie no se preguntó por la naturaleza del fenómeno, sino que intentó responder a preguntas aparentemente más modestas: ¿cuál era la magnitud de los rayos uránicos?, ¿qué sustancias la presentaban? Su gran éxito fue que consiguió respuestas acertadas para ambas cuestiones. Para ello necesitó grandes dosis de osadía, una disciplina de trabajo férrea y algo de suerte. No hay que olvidar que realizó todo este trabajo a cambio de nada, pues no recibió remuneración alguna por el mismo.

Lo primero que tuvo que hacer el matrimonio Curie tras elegir el objetivo de la investigación fue encontrar un lugar donde Marie pudiera trabajar. Charles Gariel, el nuevo director de la Escuela de Física y Química Industriales, permitió, como su antecesor, que Marie trabajara en sus instalaciones, a pesar de que la investigadora no tenía ninguna vinculación profesional con la Escuela. Se decidió que para sus experimentos usaría de forma exclusiva un cobertizo de madera acristalado, que había sido almacén y sala de máquinas. El improvisado laboratorio tenía goteras y grietas en las paredes, y su único mobiliario eran unas desnudas mesas de madera. Además, no tenía más sistema de calefacción que una vieja estufa que lo llenaba todo de hollín, por lo que el cobertizo era un nevero en invierno y un horno en verano. En el patio anejo se podían realizar al aire libre las operaciones químicas que requerían una mayor ventilación, pues las instalaciones no contaban con campanas extractoras de gases ni con ningún mecanismo de ventilación. Marie y Pierre no podían aspirar a nada mejor, pero contaban con lo imprescindible para desarrollar su proyecto: la firme decisión de realizarlo.

¿CUÁNTO?

Antes de comenzar a estudiar los rayos uránicos, Marie ya había decidido que la impresión de películas fotográficas era un método de análisis poco preciso, ya que ella quería medir la intensidad de los rayos y comparar la cantidad de radiación emitida por distintas sustancias. Según había determinado Becquerel, sabía que los rayos tenían la capacidad de ionizar el aire (es decir, de convertirlo en un conductor de la electricidad), por lo que si conseguía un dispositivo lo suficientemente sensible para medir las pequeñas corrientes eléctricas generadas en el aire ionizado podría cuantificar los rayos.

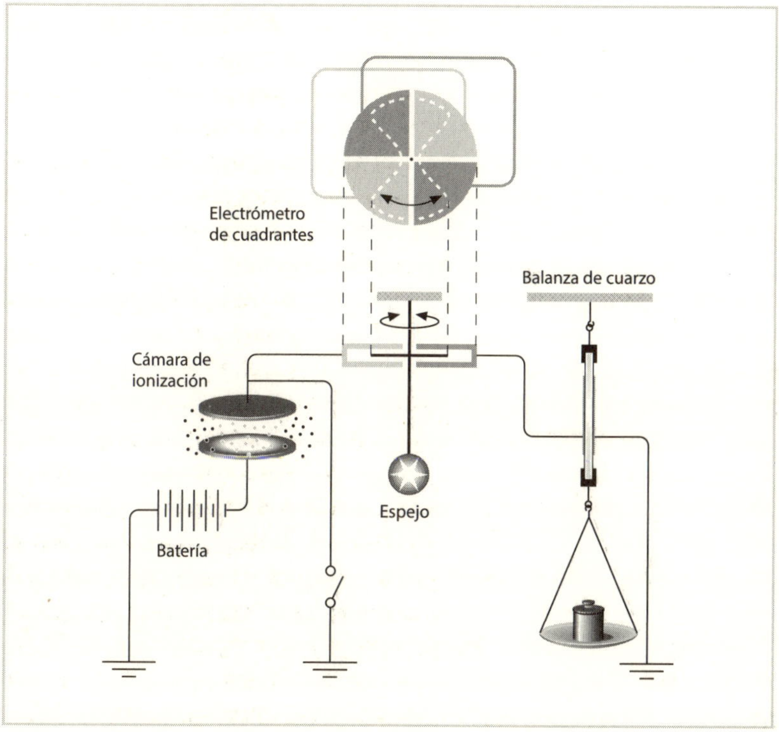

La tarea era difícil porque las corrientes eran extraordinariamente pequeñas, por lo que Marie buscó dispositivos más precisos que el electrómetro empleado por Becquerel. Contaba, sin embargo, con la balanza de cuarzo construida por Pierre y su hermano Jacques, la cual hacía uso del efecto piezoeléctrico descubierto por ambos en 1880. Marie la empleó en un dispositivo diseñado y construido con ayuda de Pierre, el cual contaba además con el electrómetro de cuadrantes y una cámara de ionización conectada a una batería. Un esquema del mismo se muestra en la figura adjunta.

La sustancia radiactiva se colocaba en la cámara de ionización, donde los rayos que emitía ionizaban el aire y los iones se desplazaban atraídos por los polos de una batería que se conectaba a la cámara, produciendo en ella una corriente. Esta cargaba el electrómetro desviando la aguja del mismo. Marie compensaba la carga del electrómetro con la carga suministrada por un cuarzo piezoeléctrico sometido a la tracción o la compresión producidas quitando o poniendo peso en la balanza conectada al mismo. La actividad de cada sustancia se determinaba midiendo con un cronómetro el tiempo que tardaba en producir «saturación», es decir, cuando no se transmitía más carga a través del aire. Marie tenía que cronometrar el tiempo que cada sustancia tardaba en llegar a la saturación mientras añadía o quitaba de la balanza pesas hasta que la aguja del electrómetro volvía a su posición inicial. De este modo, se podía decir que Marie «pesaba» la radiactividad.

El procedimiento real debió de ser bastante complejo, por más que Marie dijera que llegó a hacerlo de forma automática. Según contó su nieta Hélène Langevin-Joliot, a finales del siglo XX nadie en el Laboratorio Curie era capaz de emplear el dispositivo utilizado por su abuela (el cual en la actualidad se halla en el Museo Curie). Sin embargo, con el primer prototipo, construido con materiales de desecho de los talleres de la Escuela de Física y Química Industriales, Marie realizó miles de medidas de la intensidad de los rayos uránicos. Las fotos que muestran a Marie en el laboratorio sentada en una mesa y mirando a través de un pequeño visor corresponden al empleo de este dispositivo. Con él comprobó qué sustancias emitían rayos uránicos y midió con gran precisión la intensidad de los mismos detectando corrientes extraordinariamente pequeñas, de diez billonésimas de un amperio (0,00000000001 A = 10^{-11} A). Para tener una idea de la sutileza de tales corrientes, recordemos que, por ejemplo, pequeños electrodomésticos tales como una máquina de afeitar funcionan con corrientes de 0,5-1,0 amperio.

¿QUÉ SUSTANCIAS?

Tras haber puesto a punto y comprobado la precisión del instrumento para cuantificar la radiactividad, Marie se planteó identificar las sustancias que emitían los rayos uránicos, pues pensó que

FOTO SUPERIOR:
El interior del laboratorio de la Escuela de Física y Química Industriales donde Marie realizó su tesis.

FOTO INFERIOR:
Marie usando el electrómetro, con Pierre y Gustave Bémont en el laboratorio de la Escuela.

—tal y como reflejó en su tesis doctoral— «era muy improbable que la radiactividad considerada como una propiedad atómica fuera exclusiva de un único tipo de sustancias excluyendo todas las demás».

Marie empezó midiendo todos los elementos puros entonces conocidos, tanto los metálicos como los no metálicos, así como las aleaciones que había en el laboratorio de la Escuela de Física y Química Industriales. Uno de los primeros elementos que estudió fue el fósforo, del cual deriva el nombre del fenómeno, la «fosforescencia» que atrajo el interés de Antoine Becquerel. Marie también midió el uranio puro y, a continuación, estudió todos los minerales del Museo de Historia Natural de Francia, los cuales le fueron suministrados por el geólogo encargado de la colección, Alfred Lacroix. Esta fue una de las intuiciones más geniales de su trabajo: al no limitarse al estudio de compuestos puros sintetizados en el laboratorio, cuya composición química es conocida con gran precisión, tuvo ocasión de descubrir «nuevos cuerpos radiactivos».

El primer resultado sorprendente que obtuvo Marie fue que la emisión de los rayos de Becquerel no era una propiedad exclusiva del uranio y sus sales, sino que también la presentaba otro elemento, el torio. Por lo tanto, los rayos de Becquerel no podían seguir llamándose «rayos uránicos»: ¿habría que llamarlos «uránico-tóricos» tal vez? Marie envió entonces como única autora un informe con sus primeras conclusiones a la Academia de Ciencias francesa, el cual fue presentado en su nombre por el profesor Lippmann el 12 de abril de 1898.

Otro hecho relevante observado por Marie, y que confirmaba lo que ya había indicado Becquerel, fue que los rayos eran una propiedad intrínseca que presentaba el elemento, independientemente de la temperatura a la que se encontraba, de si estaba puro o formando compuestos y de si era irradiado o no. No se trataba de una propiedad química de una sustancia, como la fosforescencia presentada por muchos minerales, sino de un fenómeno completamente nuevo, característico del átomo. Como estaba haciendo una cuantificación precisa, observó que la intensidad de los rayos era proporcional a la cantidad del uranio presente en las muestras, por lo que la mayor actividad la presentaban las muestras de uranio puras.

EL INASIBLE POLONIO

Sin embargo, el resultado más sorprendente que había obtenido Marie no aparecía en su primer informe. Lo anotó por primera vez en su diario de laboratorio el 17 de febrero de 1898: dos de los minerales de uranio que había estudiado, la chalcolita y la pechblenda, eran tres o cuatro veces más activos que el uranio puro. Estos resultados contradecían la observación anterior de que la actividad era proporcional a la cantidad de uranio. Repitió los experimentos y revisó el funcionamiento y la precisión de sus aparatos de medición, comprobando que todo estaba bien. Entonces sintetizó el principal componente de la chalcolita, el sulfato de cobre y uranilo, a partir de compuestos químicamente puros y midió su actividad: era la que cabía esperar dado su contenido en uranio. Ello significaba que la actividad de exceso de la pechblenda debía tener otro motivo, «algo» nuevo y desconocido, presente en el mineral, pero no en el compuesto que había sintetizado Marie. Tras obtener este resultado, contó con un colaborador de excepción, tal y como recordó ella misma en sus *Notas autobiográficas*:

> Al formular hipótesis sobre las razones para ello, solo se me ocurrió una explicación: aquellos minerales debían contener alguna sustancia desconocida muy activa. Mi marido estuvo de acuerdo, así es que le apremié para que buscáramos juntos la hipotética sustancia, ya que si sumábamos esfuerzos obtendríamos resultados antes.

Aunque Pierre discutía con Marie todos los resultados que ella iba obteniendo y debió de tener un papel fundamental en el diseño y construcción del aparato de medición, hasta ese momento había seguido con sus estudios de simetría. Sin embargo, el día 18 de febrero comenzó a hacer sus entradas en el diario de laborato-

LOS DIARIOS DEL DESCUBRIMIENTO

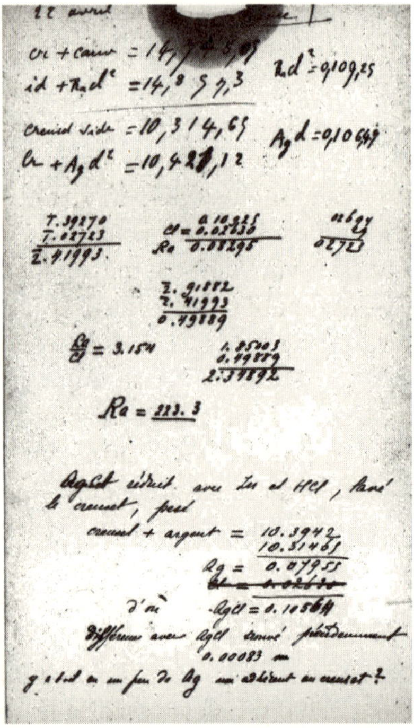

A pesar de lo escuetos que son, el estudio de los llamados «diarios del descubrimiento» es muy interesante. Una de las mejores transcripciones la hizo la hija de Marie, Irène, que entendía perfectamente la forma de anotar de su madre, pues durante muchos años trabajaron juntas en el laboratorio. De entrada son una prueba irrefutable de la peligrosidad del laboratorio en el que trabajaron los Curie: hoy en día siguen siendo tan radiactivos que no se pueden manejar sin protección. Otra de las cosas que se deduce de su estudio es que Marie y Pierre trabajaban en equipo, de forma que en su época más fructífera no se puede decir qué experimentos hacía uno y qué experimentos hacía el otro; los dos hacían de todo, trabajaban como una sola persona con dos cerebros y cuatro manos. En la ilustración puede verse una página de los diarios de laboratorio de los Curie, la fechada el 22 de abril de 1902; la parte superior, escrita por Pierre, muestra una medida del peso atómico del radio = 223,3 (finalmente propusieron el valor de 225), mientras que en la parte inferior aparecen anotaciones de Marie indicando la masa de cloruro de plata obtenida por precipitación del cloruro, dato a partir del cual determinó el peso atómico del radio, suponiendo que su fórmula era $RaCl_2$.

rio de Marie: había decidido abandonar sus propias investigaciones para dedicarse por entero a trabajar con Marie.

Con objeto de identificar las causas de la extraordinaria actividad, Marie y Pierre tenían que procesar la pechblenda de una forma diferente a como se había hecho hasta entonces, pues en lugar de buscar el uranio buscaban sustancias nuevas de las cuales solo tenían indicios de su existencia por los rayos que emitían. La pechblenda era un mineral natural que, además de los óxidos de uranio, los compuestos mayoritarios, tenía otras muchas sustancias en pequeñas cantidades, hasta sumar un total de 30 elementos químicos diferentes. Para realizar el análisis químico de la pechblenda solicitaron la ayuda de Gustave Bémont, profesor encargado del laboratorio de la Escuela de Física y Química Industriales. Bémont los debió instruir en el empleo del método clásico de identificación y separación de cationes a través de análisis cualitativo por vía húmeda, método empleado en los laboratorios europeos, que había sido puesto a punto por el químico alemán Carl R. Fresenius sesenta años antes.

Así pues, Marie y Pierre emplearon el método químico de separación de cationes por precipitaciones sucesivas de sulfatos, sulfuros, hidróxidos y cloruros. Pero lo combinaron con el novedoso método físico de medir en cada fracción la intensidad de los rayos emitidos. Partiendo de la pechblenda que les habían suministrado en el laboratorio de la Escuela, que era tres veces más activa que el uranio, obtuvieron una sustancia 17 veces más activa. Repitiendo el ciclo de separación química en las fracciones que emitían rayos, obtuvieron finalmente una sustancia cuya actividad era 400 veces superior a la del uranio.

A partir de esos resultados los Curie lanzaron su hipótesis más atrevida en un informe presentado ante la Academia de Ciencias francesa el 18 de julio de 1898 por Henri Becquerel, ya que ni Marie ni Pierre eran miembros de la misma. En su título aparecía una palabra nueva que había sido acuñada por Marie, *radiactividad*, vocablo de raíz latina que significa «que emite rayos». En su informe afirmaban que de la extraordinaria actividad mostrada por la chalcolita y la pechblenda deducían que contenía un nuevo elemento mucho más activo que el uranio, para el que proponían el nombre de *polonio* «en memoria del país de uno de nosotros».

Pero la sustancia cuya actividad era 400 veces superior a la del uranio, aún no era el nuevo elemento o una de sus sales puras; todavía tenía una gran cantidad de bismuto, elemento químico del grupo del nitrógeno, cuyas propiedades eran muy similares a las

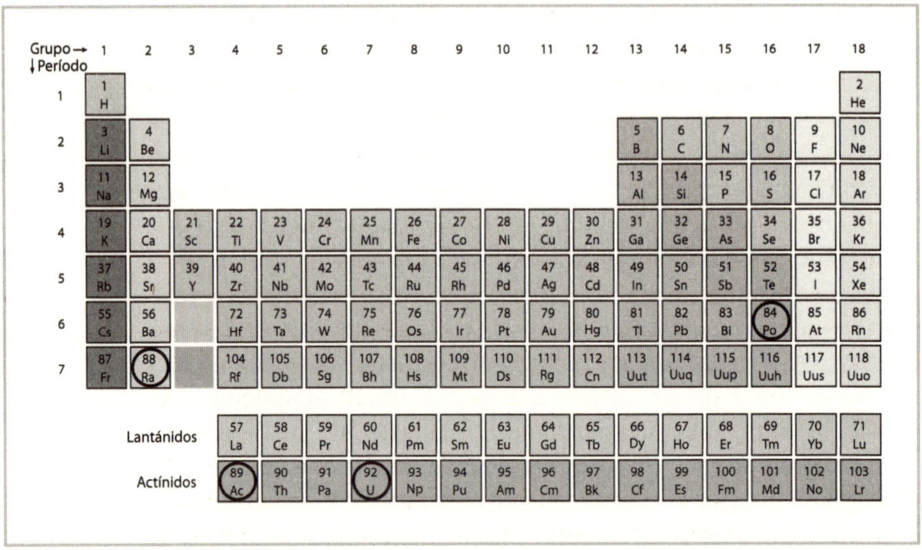

Tabla periódica de los elementos mostrando el radio en el grupo 2, el polonio en el 16 y el uranio y el actinio en los actínidos.

del nuevo elemento. Por ello Marie y Pierre supusieron que el polonio se encontraba en el mismo grupo de la tabla periódica que el bismuto. Pero, a diferencia del nuevo elemento tan parecido a él, el bismuto no era radiactivo. La radiactividad fue la propiedad en la que los Curie se basaron para proponer la existencia del polonio.

RADIO: UNA BÚSQUEDA INTERMINABLE

Tras este deslumbrante descubrimiento, Marie y Pierre se fueron de vacaciones y no retomaron el tratamiento de la pechblenda hasta noviembre de 1898. Para su sorpresa, encontraron que había una especie radiactiva cuyas propiedades químicas eran completamente distintas a las del polonio, aunque tenía en común con él que era mucho más activa que el uranio. Ello no podía deberse más que a la existencia de otro nuevo elemento, que debía encontrarse también en cantidades muy pequeñas, pues los análisis previos de la pechblenda no lo habían puesto de manifiesto. No obstante, sus propiedades eran mucho más parecidas a las del bario, uno de los metales del grupo de los alcalinotérreos de la tabla periódica. Para aislar este nuevo elemento siguieron un procedimiento similar al empleado para aislar el polonio, que consistía en disolver el sólido con ácidos y luego precipitar las distintas sales. Tras cada una de las separaciones se medía la radiactividad de cada fracción con el fin de seguir la pista al elemento buscado. Así obtuvieron una mezcla de cloruros de bario y del nuevo elemento que era 900 veces más activa que el uranio.

Para tener un dato más que confirmara su existencia y ayudara a su identificación, enviaron varias muestras al físico Eugène Demarçay, que registró su espectro de emisión y buscó la presencia de líneas no atribuibles a ningún elemento conocido. Demarçay observó unas nuevas líneas en la zona ultravioleta, cuya intensidad aumentaba a medida que aumentaba la radiactividad de la sustancia, por lo cual las atribuyó al nuevo elemento. Marie y Pierre Curie y Gustave Bémont enviaron una nueva comunicación a la Academia de Ciencias francesa el 19 de diciembre de 1898 en la que denominaban al nuevo elemento como «radio».

> «La nueva sustancia radiactiva contiene todavía una gran proporción de bario; a pesar de ello, la radiactividad es considerable. La radiactividad del radio puro debe ser enorme.»
>
> — Soraya Boudia, *Marie Curie et son laboratoire.*

En una entrevista que concedió veinte años después, Bémont todavía se mostraba emocionado por la deferencia de Pierre al hacerlo coautor del descubrimiento del radio. En ella contaba que se sintió muy orgulloso por haber recibido tal honor, pero que no creía merecerlo, pues no había tenido un papel activo en el descubrimiento del radio. Bémont afirmaba que él simplemente había hecho un favor a un colega, aconsejándole en el diseño y puesta a punto de los métodos de separación química. Esta entrevista contradice las teorías de algunos historiadores de la ciencia, singularmente el norteamericano Lawrence Badash, el más reconocido experto en historia de la radiactividad, el cual, incrédulo ante la capacidad de Marie para llevar a cabo el método de separación química, atribuía a Bémont todo el mérito de esta parte tan significativa de la tesis de la investigadora.

Pero más allá de la ayuda que Bémont pudiera prestar a Marie, lo cierto es que ninguno de los tres científicos inventó nada nuevo en química, porque el método de Fresenius era ya antiguo cuando lo empleó Marie. También era conocida la capacidad de ionizar el aire de las sales de uranio, así como el funcionamiento de los electrómetros y la piezoelectricidad. Pero fue Marie la que empleó todo ello para descubrir un nuevo fenómeno y fue ella quien se las ingenió para convencer al mundo de la relevancia de su descubrimiento.

Marie había comenzado su tesis doctoral un año antes y ya se había atrevido a proponer la existencia de dos nuevos elementos químicos. Su osadía era tal que hizo estas propuestas basándose en un hecho sin precedentes: empleó la *radiactividad* de estos elementos como prueba fundamental de su existencia. Hay que recordar que este fenómeno lo había descubierto Becquerel apenas un par de años antes y que el nombre se lo acababa de dar Marie. El hecho de usar la radiactividad se debía a que en el momento de proponer la existencia de los nuevos elementos, Marie y Pierre no podían aportar las pruebas de verificación de su descubrimiento exigidas por las sociedades químicas de la época. Estas pruebas eran la identificación de nuevas líneas en el espectro de emisión, la determinación del peso atómico y la aportación de una pequeña cantidad del elemento puro. En el momento de alegar el descubrimiento de ambos elementos solo pudieron aportar una de las pruebas de la existencia de uno de ellos, el espectro del radio.

En realidad, Marie contaba con otras evidencias: empleó el método radioquímico, es decir, midió la emisión específica de un elemento radiactivo. Ese método se emplea hoy para desentrañar procesos fisicoquímicos o biológicos en campos tan dispares como la cinética química, la arqueología (para la datación mediante carbono-14) o la geología, proporcionando resultados inaccesibles por cualquier otro método. Muchas de estas ciencias no existían cuando Marie inventó el método, pero ella intuyó que había descubierto un campo científico en el que aparecerían nuevas herramientas de análisis. En su tesis constató de forma orgullosa que el método que ella había usado para detectar los nuevos elementos era miles de veces más sensible que la espectroscopia con la cual había confirmado la existencia del radio.

Tras proponer su existencia, Marie se dedicó a intentar aislar los nuevos elementos puros, lo que iba a suponer un trabajo mucho mayor de lo que imaginó en un principio, porque los nuevos elementos radiactivos se encontraban en la pechblenda en proporciones extraordinariamente pequeñas. Más adelante se comprobaría que se encontraban en una proporción inferior a uno en diez millones. Aunque los Curie aún no conocían ese dato, era evidente que necesitarían grandes cantidades del mineral que los contenía.

Por ello, desde que intuyeron la existencia de dos nuevos elementos con propiedades singulares, Marie y Pierre comenzaron a buscar fuentes de pechblenda, la principal mena del uranio que los contenía a ambos. Las mayores reservas europeas de este mineral se encontraban en las minas de Joachimsthal, en Bohemia, que en aquella época formaba parte del Imperio austrohúngaro (hoy, con el nombre de Jachymov, forman parte de la República Checa). De estas minas se extraían las sales de uranio que se empleaban en Europa para colorear el vidrio. Pero la compra de las cantidades del mineral puro que necesitaban representaba un coste que los Curie no podían pagar. Marie no solo no cobraba por su trabajo de investigación, sino que tampoco recibía ninguna financiación para desarrollarlo. Pero hubo un hecho afortunado que sacó al matrimonio del callejón sin salida al que lo había llevado su falta de fondos. Tras procesar la pechblenda que inicialmente obtuvo en el laboratorio de la Escuela, Marie había llegado a la conclusión de que los restos del mineral que quedaban tras haber extraído el uranio debían contener todo el radio y una gran parte del polonio presentes en el mineral. Por suerte para Marie y Pierre, estos restos de mineral no tenían valor comercial y se amontonaban por toneladas en las afueras de la mina.

A través de sus contactos en la Academia de Ciencias francesa se dirigieron a sus homólogos de la Academia vienesa, y de ellos recibieron un primer envío de 5 kg de estos residuos, en los que comprobaron su hipótesis. Posteriormente les enviaron otros

FECHADO CON CARBONO-14

Los isótopos del carbono de números másicos 12 y 13 son los más abundantes y no sufren procesos de desintegración radiactiva (concepto analizado con detalle en el capítulo siguiente). Hay un isótopo adicional muchísimo menos abundante, el carbono-14 (^{14}C), cuya abundancia natural es 0,0000000012 %. Se genera en un proceso de captura neutrónica por la acción de los rayos cósmicos sobre el nitrógeno de la atmósfera:

$$^{14}_{7}N + ^{1}_{0}n \rightarrow ^{14}_{6}C + ^{1}_{1}p,$$

y sufre un proceso de desintegración espontánea emitiendo una partícula β y un antineutrino (indetectable a efectos prácticos):

$$^{14}_{6}C \rightarrow ^{14}_{7}N + ^{0}_{-1}\beta + \nu.$$

Dado que las reacciones de formación y desintegración tienen lugar constantemente, existe un equilibrio que se traduce en que la proporción de ^{14}C es aproximadamente constante en la atmósfera. Las plantas toman el ^{14}C del CO_2 de la atmósfera a través de la fotosíntesis, y de ahí pasa a los animales herbívoros y, de ellos, a los carnívoros. Por esta causa todos los seres vivos mantienen la proporción de ^{14}C constante. Aunque esta proporción es muy pequeña, mientras un animal o planta están vivos dan lugar a 15,3 desintegraciones por minuto y por gramo. No obstante, cuando mueren, el ^{14}C sigue desintegrándose, siempre a la misma velocidad, disminuyendo su proporción respecto al contenido total de carbono. Al cabo de miles de años, midiendo la proporción de ^{14}C, se sabe cuándo murió el animal o la planta. Por ejemplo, midiendo la cantidad de carbono-14 que hay en una momia egipcia puede determinarse cuándo murió la persona momificada. El período de semidesintegración del ^{14}C es de 5700 años aproximadamente, por lo que se emplea para identificar objetos orgánicos no muy recientes, cuyas edades lleguen hasta 50000 años. Objetos demasiado recientes en relación al período de semidesintegración del ^{14}C aún no presentan una caída significativa de su concentración inicial, mientras que objetos cuya antigüedad es superior a unos diez períodos de semidesintegración implican una proporción demasiado baja, lo cual se traduce en ambos casos en márgenes de error demasiado grandes.

100 kg. No obstante, dada la bajísima concentración de polonio y radio en el mineral, estas cantidades eran totalmente insuficientes para obtener una masa de los nuevos elementos lo suficientemente grande como para realizar su análisis e identificación. Necesitaban toneladas del residuo del mineral, lo que planteaba

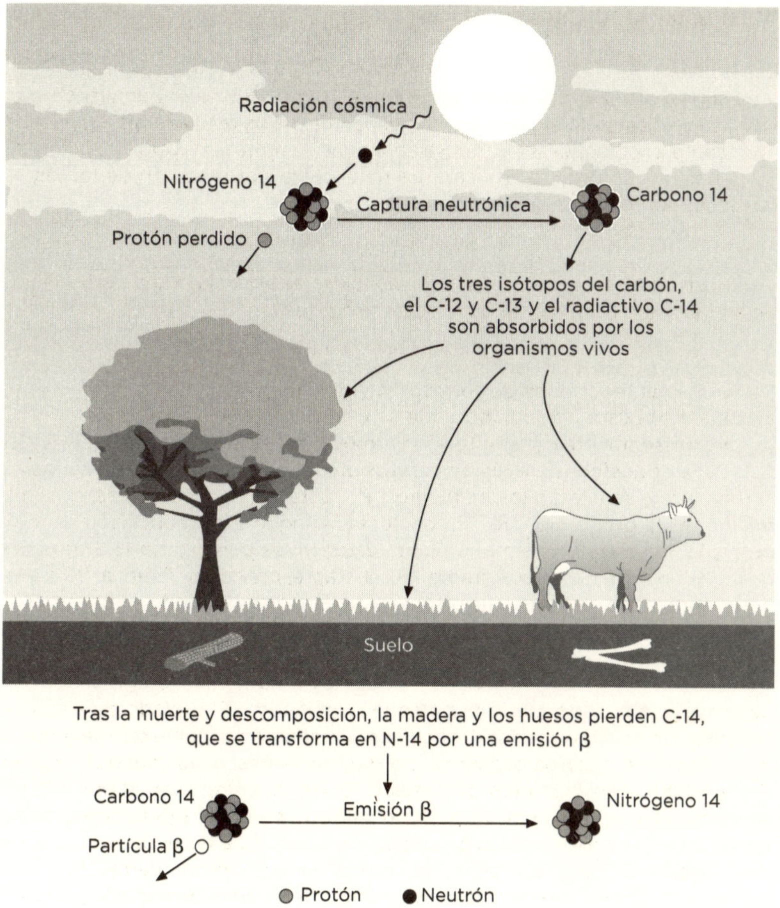

un nuevo problema económico, pues aunque el material no tenía coste, los Curie habían de pagar el transporte.

Marie tuvo que ajustar aún más el presupuesto familiar, pero a mediados de 1898 tuvo un ingreso inesperado: la Academia de Ciencias de París le concedió el premio Gegner por su estudio de las propiedades magnéticas de los aceros y por sus incipientes trabajos sobre la radiactividad. El premio tenía una dotación económica de 3800 francos, lo cual era una cantidad considerable para la época. Aunque este premio Gegner (el primero de los tres de este tipo que se le concedieron y también el primero de la larga serie de reconocimientos que recibió a lo largo de su vida) se lo otorgaron exclusivamente a ella, los miembros del jurado consideraron más apropiado dirigirle la carta de concesión a su marido.

En octubre de 1898 Marie anotó en su cuaderno de gastos un pago por concepto de transporte desde Joachimsthal. El primer cargamento, un montón de sacos llenos de un polvo marrón y agujas de pino, se apiló en el patio de la Escuela de Física y Química Industriales de París. A comienzos del siglo XXI la radiactividad de su pavimento sigue siento tan alta que la zona no es apropiada ni para construir un aparcamiento. Para procesar esta ingente cantidad de material, Marie tuvo acceso a una nueva dependencia aún más deteriorada que el taller en el que había realizado los primeros experimentos de su tesis, una especie de hangar que en su día había sido dedicado a sala de disección.

UN TRABAJO ÉPICO

Aunque los planes iniciales eran aislar los dos elementos, tras muchos esfuerzos tuvieron que abandonar el polonio y dedicarse solo al radio. A partir de sus experimentos previos habían llegado a la conclusión de que su química era más simple, por lo que debía de resultar más fácil de aislar. Pero había un factor adicional que convertía al polonio en un elemento inaprensible. Además de encontrarse en una bajísima concentración, parecía desaparecer, evaporarse. Como se supo mucho después, el polonio se desintegraba, se descomponía, dando lugar a plomo. El radio sufría un proceso similar, pero mientras que en el radio se desarrollaba a lo largo de miles de años, el del polonio requería poco más de cien días. Por si eso no fuera suficiente, la concentración de polonio era 4000 veces inferior a la de radio. Por ese motivo el polonio no

FOTO SUPERIOR:
Cobertizo anejo al laboratorio de la Escuela de Física y Química Industriales donde Marie realizó sus experimentos sobre la radiactividad.

FOTOS INFERIORES:
Dos fotografías de Pierre y Marie Curie: en el laboratorio de la Escuela y posando para el fotógrafo.

se dejó atrapar por Marie. A pesar de ser menos complejo, el aislamiento del radio tampoco era fácil. Con el tiempo se descubriría que tres toneladas de uranio no contenían más que un gramo de radio. Esas proporciones venían determinadas por el propio fenómeno de la radiactividad, porque como ya se ha indicado tanto el radio como el polonio se desintegraban dando lugar a otros elementos.

El trabajo que realizó Marie en aquel hangar, que tenía tantas goteras que se le contaminaban las disoluciones cuando llovía, posee tintes épicos. Allí procesó toneladas del material que le llegó de Joachimsthal, tratándolo en porciones de 20 kg que calentaba en enormes calderos que removía con una gran barra de hierro. Era un extenuante trabajo físico realizado en unas circunstancias deplorables, las cuales, paradójicamente, pudieron salvarle la vida. En efecto, el escaso aislamiento del hangar donde Marie trabajaba y el hecho de que algunas veces lo hiciera incluso en el patio al aire libre, la libró de aspirar parte de los gases tóxicos que se desprendían en el proceso, tanto los vapores de los ácidos y las bases que usaba en el tratamiento como el gas radón radiactivo que se producía por la desintegración del radio, como se descubriría mucho después. Aunque el esfuerzo físico debió de ser extraordinario —y, al principio, realizado casi en solitario—, lo relevante del mismo fue el genio químico de Marie, que combinó esa investigación con las medidas de conductividad. A pesar de las durísimas condiciones de trabajo, Marie declaró haberse encontrado inmensamente feliz en esa época:

> En aquella época estábamos volcados por completo en el nuevo ámbito que había desvelado un descubrimiento tan inesperado. A pesar de los contratiempos de nuestras condiciones de trabajo, éramos dichosos. [...] En ocasiones, al anochecer, después de cenar, regresábamos al hangar para echar un vistazo a nuestro dominio. Nuestros preciosos productos que no podíamos resguardar de las inclemencias del tiempo, estaban dispuestos sobre mesas y tablas; desde todas partes se veía su silueta, de una tenue luminosidad; aquellos fulgores que parecían suspendidos en la oscuridad, nos llenaban de alborozo.

El proceso de separación para la extracción del uranio del mineral que se llevaba a cabo en la mina consistía en machacar la pechblenda hasta reducirla a polvo, mezclarla con carbonato de sodio y «tostarla», es decir, calentarla al aire. Esta mezcla sólida se trataba con ácido sulfúrico diluido para extraer en la fase acuosa el sulfato de uranilo y sodio, que era la parte que se aprovechaba del mineral. El residuo marrón insoluble se descartaba y se tiraba en el bosque de pinos cercano. Ese sólido es lo que llegó al patio de la Escuela de Física y Química Industriales de París.

Marie comenzó por hervir este polvo marrón en una disolución que contenía carbonato sódico, en la cual se disolvían los carbonatos de aluminio, plomo, calcio y sodio, quedando un precipitado que contenía carbonatos y sulfatos de metales alcalinotérreos y de los elementos radiactivos. Este precipitado se trataba con ácido clorhídrico, que extraía en la fase acuosa los cloruros solubles, dejando un precipitado de los sulfatos insolubles, entre ellos el de radio. A la disolución que contenía los cloruros se le añadía ácido sulfhídrico, lo que daba lugar a un precipitado de sulfuros que contenía a su vez el de polonio. A la disolución que quedaba tras separar el precipitado de sulfuros, se le añadía amoniaco para hacerla más básica (aumento del pH), lo cual hacía que precipitaran los hidróxidos insolubles. Poco después se encontraría en estos hidróxidos un nuevo elemento radiactivo, el actinio. Por cada tonelada de residuo de pechblenda recibida de Joachimsthal, Marie obtuvo entre 10 y 20 kg de sulfatos de alcalinotérreos, que incluían una pequeña proporción del sulfato de radio.

En ese precipitado de sulfatos se repetía el proceso de formación de carbonatos, cloruros, sulfuros e hidróxidos, y de ahí se obtenía una disolución de cloruro de calcio, que era descartado, y un precipitado de cloruro de bario que tenía una pequeña cantidad del de radio. Como el bario y el radio poseían unas propiedades químicas muy parecidas, la única forma de separarlos era mediante cristalización fraccionada. Para realizarla había que calentar hasta la ebullición el precipitado que contenía la mezcla de los dos cloruros con la cantidad justa de agua destilada necesaria para su disolución. Al enfriar lentamente esta disolución, precipitaban primero unos «hermosos cristales» de cloruro de radio, según recogería Marie en su tesis, debido a que el cloruro de radio era un poco menos soluble que el de bario. Este proceso era el más delicado, porque enseguida empezaba la precipitación del cloruro de bario y antes había que extraer los diminutos cristales del cloruro de radio.

«La espontaneidad del rayo es un enigma. ¿Cuál es la fuente de energía de los rayos de Becquerel? ¿Hay que buscarla en los cuerpos radiactivos o en el exterior?»

— Pierre Radvanyi, *Les Curie.*

Dada la similitud entre los cloruros de bario y de radio, este último no se obtenía puro en la primera cristalización, por lo que había que repetir el proceso de cristalización tantas veces como fuera necesario mientras siguiera aumentando la radiactividad. En la muestra más pura, esta llegó a ser un millón de veces superior a la del uranio. A partir de la muestra de cloruro de radio más activo, que era también el más puro, Marie determinó el peso atómico del radio, midiendo la cantidad de cloruro mediante el método gravimétrico de precipitación de cloruro de plata. Para obtener a partir de ese valor el peso atómico del radio tuvo que hacer una suposición adicional: que la estequiometría era igual a la del bario. Es decir que había dos átomos de cloro por cada átomo de radio. Como el bario (peso atómico 137) es mucho más ligero que el radio, el peso que fue obteniendo para este último fue subiendo conforme mejoró su método de aislamiento, obteniéndolo cada vez más puro.

Durante todo este proceso Marie trabajaba a ciegas, le seguía la pista a elementos fantasma que formaban compuestos de propiedades desconocidas, en cantidades extraordinariamente pequeñas. Aparte de su intuición, la principal orientación que le indicaba que iba en el buen camino era la radiactividad, que debía medir en cada fracción de disolución o precipitado que obtenía en cada una de las fases del proceso empleando la balanza de cuarzo.

Pero además de todas esas dificultades, había algo muy desconcertante. Usualmente, en los minerales se encuentran juntos elementos de reactividad química similar, es decir, que ocupan posiciones contiguas en la tabla periódica. Por ejemplo, los mencionados radio y bario son metales del grupo de los alcalinotérreos, grupo 2, como puede verse en la tabla periódica. Sin embargo, los elementos descubiertos por Marie en la pechblenda, el radio y el polonio, estaban en los grupos 2 y 16, respectivamente. Ambos están muy alejados en la tabla periódica, lo que indica que tienen propiedades químicas muy diferentes. Además, ambos estaban asociados con el uranio, un elemento de los actínidos que químicamente tampoco tiene relación con ninguno de los dos. Como se descubriría después, la causa de esa extraña asociación no era la afinidad química, sino el proceso de desintegración radiactiva que transformaba unos elementos en otros. La presencia de los tres elementos en el mismo mineral tenía un origen «radiogénico». Marie no solo no tenía esa información entonces, sino que en el

INDUSTRIA E INVESTIGACIÓN PÚBLICA

Hacia mediados del año 1899 se puso de manifiesto que la extracción de los elementos radiactivos, sobre todo la parte primera de tratamiento de los residuos del mineral, sobrepasaba la capacidad de trabajo de una persona, por lo que Pierre pidió ayuda a la Sociedad Central de Productos Químicos. A partir de entonces este primer tratamiento de los residuos del mineral, que habían llegado de Bohemia por toneladas, se hizo en una de las fábricas de la citada sociedad. En la misma época André Debierne, antiguo alumno de Pierre en la Escuela de Física y Química Industriales y por entonces profesor encargado del laboratorio de química de la Sorbona, comenzó a colaborar con los Curie. Lo primero que hizo Debierne fue adaptar a escala industrial el método de tratamiento para la extracción del radio de los residuos de pechblenda que había diseñado y realizado Marie en el laboratorio; ese fue el comienzo de una larga colaboración con la industria. Tal y como Marie entendía la ciencia, no había una división entre investigación básica y aplicada, sino entre investigación privada y pública. Ella defendía el desarrollo de una investigación de alto nivel financiada por el Estado, que eventualmente podía dar servicio a la industria.

caso de haberla intuido ni ella ni ningún otro científico de su época se habrían atrevido a hacerla pública, pues ello habría significado que había tenido lugar el proceso de «transmutación» que habían perseguido infructuosamente durante siglos los alquimistas, por esa época completamente desacreditados.

Marie pudo haber patentado el proceso que con tanto trabajo había descubierto de cara a una futura explotación comercial del radio, pero decidió que ella trabajaba para el avance de la ciencia y no para obtener beneficios económicos, por lo que en lugar de patentar el proceso lo hizo público. Es más, tanto ella como Pierre dieron todos los detalles experimentales a quienes se los solicitaron. Muchos años después, durante el viaje que Marie hizo a Estados Unidos pudo ver en los laboratorios que visitó algunas de las cartas que habían enviado con los detalles del proceso.

LA ECUACIÓN MÁS FAMOSA DE LA HISTORIA: $E=mc^2$

Una de las cosas que intrigó a Henri Becquerel desde que descubrió la radiactividad fue el origen de su energía. Por tradición familiar y por su formación termodinámica, Becquerel pensó que se debía tratar de un proceso de fosforescencia de muy larga duración, aunque ninguno de sus experimentos confirmó esta hipótesis. Pierre Curie, que midió el calor emitido por el radio, también pensó en una especie de fosforescencia, en la cual la fuente de energía no era la luz del sol, sino unos rayos cósmicos indetectables, que solo el uranio y el torio eran capaces de atrapar. Aunque todos los experimentos que realizaron apuntaban a ello, ninguno de los dos investigadores fue capaz de imaginar que la fuente de energía venía de dentro del átomo. La clave la dio Einstein en 1906 al poner de manifiesto la equivalencia entre masa y energía. El origen de la energía desprendida en los procesos radiactivos está en unas pequeñísimas cantidades de masa que se «pierden» en las reacciones nucleares, aunque en realidad se transforman en energía, según la ecuación más famosa de la historia, $E=mc^2$, donde E es la energía; m, la masa «perdida» (en realidad, transformada), y c, la velocidad de la luz. Al ser esta velocidad tan elevada (300 000 km/s), aunque la cantidad de masa perdida sea muy pequeña (del orden de la diezmilésima parte de la masa del átomo de hidrógeno), la energía desprendida es muy grande, millones de veces superior a la de cualquier reacción química.

¿POR QUÉ?

En octubre de 1899 el colaborador de los Curie André Debierne anunció el descubrimiento del actinio. Sin duda, los avances realizados en los dos años transcurridos desde que Marie emprendió el estudio de los rayos de Becquerel eran espectaculares. Para empezar, el dispositivo diseñado por Pierre y construido en la Escuela de Física y Química Industriales para la cuantificación del fenómeno de la radiactividad había demostrado su eficacia y precisión. En segundo lugar, se habían identificado los protagonistas de la radiactividad. Por un lado, estaban el uranio y el torio, cuya reactividad y peso atómico eran perfectamente conocidos. Por otra parte, estaban los recién descubiertos polonio, radio y actinio, siendo justamente su radiactividad la prueba más firme

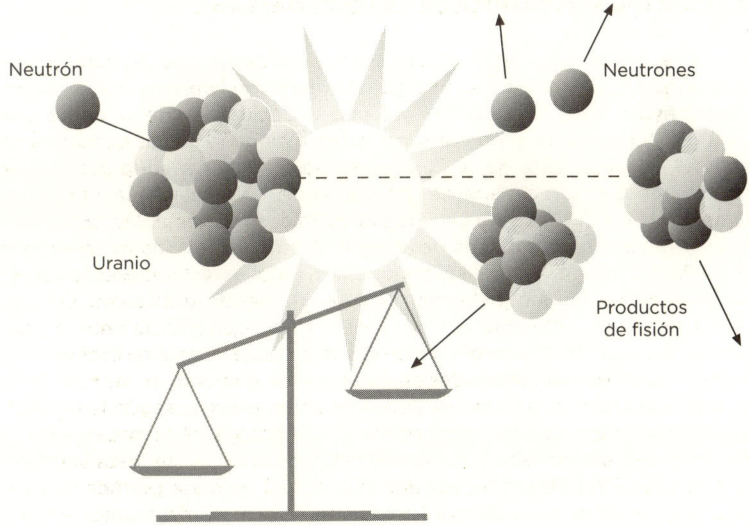

$n + {}^{235}U \longrightarrow 2{,}5\ n$ (en promedio) + productos de fisión + 200 MeV

de su existencia. Como en aquella época esta prueba no se consideraba suficiente, Marie prosiguió con el laborioso proceso de aislamiento y purificación del radio, tarea que le habría de llevar varios años.

Se habían encontrado muchas respuestas, pero había una cuestión fundamental que seguía sin respuesta: ¿por qué se emitían los rayos? Además, se desconocía su naturaleza y si eran partículas o rayos. Y todavía quedaba otra cuestión aún más difícil de responder: ¿de dónde salía la energía que mantenía el proceso activo y aparentemente inalterable en el tiempo? Las hipótesis que consignó Marie en enero de 1899 en una comunicación a la *Revue Genérale des Sciences*, tal y como las recoge Pierre Radvanyi en su texto dedicado al matrimonio Curie, eran las siguientes:

1. La radiactividad es una fosforescencia de larga duración producida por la luz. Esta hipótesis es poco probable.

2. El rayo es una emisión de materia acompañada de una pérdida de peso de las sustancias radiactivas.

3. La energía utilizable por las sustancias radiactivas disminuye constantemente.

4. El rayo es una emisión secundaria provocada por rayos análogos a los rayos X. Estos rayos excitantes vendrían del espacio, serían aún más penetrantes que los rayos X y solo serían absorbidos por elementos de gran peso atómico, tales como el uranio y el torio. Es posible suponer que en el espacio tienen lugar transferencias de energía de las que no tenemos noticia.

5. El rayo se produce a expensas del calor del medio, violando el principio de Carnot.

La hipótesis 1 era la de partida de Becquerel, pero él mismo la descartó a la vista de que las sales de uranio emitían rayos tras haber estado durante períodos prolongados en total oscuridad.

La hipótesis 2 estaba en la línea de las primeras especulaciones que hizo Marie en 1897, inmediatamente después de detectar la radiactividad, según las cuales esta era una consecuencia de un cambio profundo a escala subatómica. Es la hipótesis que terminaría demostrándose como acertada. La estrambótica hipótesis 4 es la que le parecía más plausible a Pierre Curie, pero no solo se equivocó él, sino que arrastró a Marie en su error.

Un año y medio después, en el Congreso Internacional de Física que tuvo lugar durante la Exposición Universal de París, celebrada en agosto de 1900, Pierre y Marie, en su presentación de las propiedades de las nuevas sustancias radiactivas, no tuvieron más remedio que admitir su incapacidad para encontrar una explicación plausible de la radiactividad.

CAPÍTULO 3

Gloria y tragedia

Marie había alumbrado una ciencia en el límite entre la física y la química que bautizó como radiactividad. Las investigaciones de Ernest Rutherford aportaron nueva luz al fenómeno, mientras Pierre estudiaba su aplicación para usos médicos y Marie preparaba su tesis doctoral. En 1903 el matrimonio recibió junto a Henri Becquerel el premio Nobel de Física, pero tres años después Pierre murió, sumiendo a Marie en una profunda depresión.

En el último año del siglo XIX Marie y Pierre no eran los únicos que se preguntaban por las causas de la radiactividad. El descubrimiento del polonio y el radio había provocado que otros científicos investigaran lo que ya era un nuevo campo de la ciencia. La radiactividad se había convertido en el tema de moda, y un selecto grupo de científicos trabajaba a ciegas en un mundo nuevo donde las certezas de antaño, como la indivisibilidad del átomo, se estaban resquebrajando. En medio de este frenesí, los Curie seguían suministrando generosamente a muchos de los investigadores con los que competían los preparados de radio obtenidos por Marie con tanto trabajo. Otros científicos, como el alemán Friedrich Oskar Giesel, siguieron el método desarrollado y descrito por Marie y establecieron fructíferas relaciones con la industria.

A pesar de ser una fuente de preparados de radio y de que era muy conocido en todos los laboratorios europeos, incluso en los que no estudiaban nada relacionado con la radiactividad, el laboratorio de los Curie era de los peor dotados en cuanto a instrumentación y personal. Así, por ejemplo, cuando al químico ruso-alemán Wilhelm Ostwald, que ganaría el premio Nobel de Química en 1909, le enseñaron el laboratorio de los Curie estando ellos ausentes no podía creer que en ese antro, «mezcla de sótano, almacén de patatas y establo», Marie hubiera descubierto dos nuevos elementos químicos sin cobrar nada por su trabajo.

AVANCES EN LA NUEVA CIENCIA

El más firme competidor de Marie y Pierre, el que habría de hacer los mayores descubrimientos en el campo de la radiactividad, era un joven neozelandés, Ernest Rutherford. Como la propia Marie, Rutherford era un *outsider* que no se había criado en el elitista sistema educativo británico. Pero a diferencia de la *Académie* francesa, el *establishment* inglés reconoció rápidamente los excepcionales méritos del joven Ernest. Rutherford había llegado a Cambridge en 1897 tras obtener la beca bianual que su Graciosa Majestad concedía al súbdito más brillante de las regiones de ultramar del Imperio británico con el fin de que realizara su tesis doctoral en la metrópoli. De este modo, Rutherford trabajaría con Joseph John Thomson, el director del laboratorio Cavendish que acababa de descubrir los rayos catódicos, poniendo de manifiesto que los átomos no eran indivisibles.

Como continuación de los trabajos de Thomson, el objetivo inicial de la tesis de Ernest Rutherford era investigar la conductividad de los gases inducida por rayos ultravioleta y por rayos X, pero luego incluyó la radiactividad entre sus investigaciones. Pronto el estudio de esta última se convirtió en la principal tarea de Rutherford, por lo que el joven Ernest fue uno de los pocos científicos que investigó los aparentemente insulsos rayos de Becquerel antes del descubrimiento del polonio y el radio. En enero de 1899 publicó un extenso artículo sobre la naturaleza de los mismos, en el cual concluía —tal y como recoge el estudio de Pierre Radvanyi sobre los Curie— que «el rayo de uranio es complejo y está formado por al menos dos tipos distintos de radiación: una que es fácilmente absorbible, y que se denominará α, y otra que es más penetrante, que se denominará β».

Efecto de un campo magnético, representado por las barras grises con los símbolos + y -, sobre las radiaciones α, β y γ.

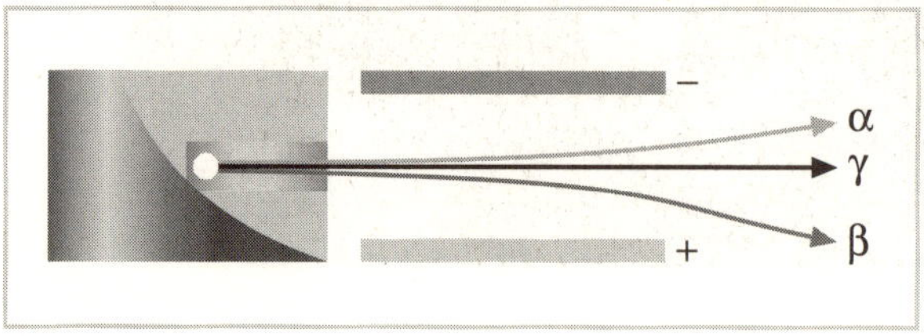

Por esa época, Giesel en Alemania, Meyer y Von Schweidler en Viena y Pierre Curie en París investigaban el efecto de los campos magnéticos en los rayos uránicos. En-

EL BARÓN DE NELSON Y SU CÍRCULO

Cuando el rey Jorge V nombró barón de Nelson al científico más brillante que habían producido las colonias, Ernest Rutherford (1871-1937) podía sentirse orgulloso de haber realizado gran parte de los descubrimientos más relevantes en el ámbito de la radiactividad: identificar la naturaleza de los procesos radiactivos, diseñar un dispositivo para cuantificarlos, identificar las series radiactivas y a partir de ellas idear un proceso para determinar la edad de la Tierra, descubrir la existencia de un núcleo en el centro del átomo, producir la primera transmutación de un átomo en otro... Y los descubrimientos que él no hizo, los hicieron sus discípulos en el terreno que él había allanado. El que muchos han definido como «el experimentalista más grande desde Faraday», fue además un excelente maestro de genios, ya que tuvo una extraordinaria capacidad para atraer a personas brillantes y creativas, y darles el espacio y el estímulo que necesitaban para que cada una de ellas diera lo mejor de sí misma, y ello teniendo en cuenta que en muchos casos se trataba de personalidades sumamente complejas, como el químico Soddy, con sus heterodoxas teorías económicas; el enmadrado Moseley, cuya brillante carrera se vio truncada por la Primera Guerra Mundial; el siniestro Chadwick, a quien traumatizaba hablar en público; el vitriólico Boltwood, enemigo declarado de Marie Curie, que terminó suicidándose, no sin antes haber determinado la edad de la Tierra; el joven alemán con una capacidad de trabajo apabullante, Hans Geiger, cuando aún no había descubierto sus inclinaciones nazis; el danés Niels Bohr, que en su tesis propuso el modelo atómico sobre el que se fundamenta toda la química; los alemanes Fajans y Hahn; los ingleses Cockcroft, Walton y Appleton, que construyeron el primer acelerador de partículas... Con todos ellos Rutherford mantuvo excelentes relaciones, llenas de afecto y respeto de los alumnos por el profesor al que cariñosamente conocían como «el Cocodrilo».

Ernest Rutherford (a la derecha) y Hans Geiger en la época en la que diseñaron el contador al que daría nombre este último.

contraron que ambos tipos de radiación eran desviados por los campos magnéticos, pero mientras que la radiación menos penetrante, la que Rutherford había llamado α, era poco desviada por estos campos, la β era fácilmente desviada, tal y como muestra la figura de la página 76. En abril de 1900 el francés Paul Villard encontró otros rayos aún más penetrantes a los que llamó γ, que eran muy parecidos a los rayos X pero tenían una energía mayor. Aunque a comienzos del siglo XX aún se estaba muy lejos de en-

REACCIONES DE DESINTEGRACIÓN RADIACTIVA

Hay tres tipos principales de desintegración radiactiva espontánea. Los dos primeros fueron propuestos por Rutherford en 1899 cuando acababa de terminar su tesis en Cambridge; el tercero por Villar, en París, un año después.

1. Emisión de rayos α. Están formados por partículas relativamente pesadas (constan de dos neutrones y dos protones, es decir son núcleos de helio) cargadas positivamente. Son desviados por campos eléctricos y magnéticos y muy ionizantes, lo que los hace poco penetrantes.

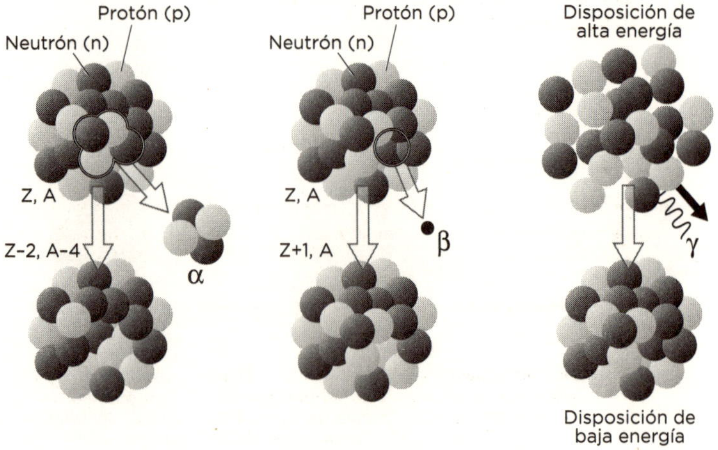

Esquema de las principales reacciones de desintegración radiactiva, indicando cómo varía el número atómico, Z, y el número másico, A (lo que más tarde describirían Soddy y Fajans).

tender la radiactividad, se habían identificado correctamente los principales tipos de radiación.

Aunque ni los Curie ni Rutherford podían imaginarlo entonces, la carrera definitiva para la comprensión de la radiactividad acababa de empezar y ellos habían salido en cabeza. Pierre y Rutherford fueron los más destacados a la hora de lanzar hipótesis que explicaran el fenómeno. Ambos eran creativos y brillantes, pero sus circunstancias personales eran muy distintas. Pierre tenía cuarenta

2. Rayos β, β^-. Este tipo de desintegración se da cuando un neutrón del núcleo se transforma en un protón emitiendo un electrón. Son desviados por campos magnéticos y su poder de ionización no es tan elevado como el de las partículas α, lo que los hace más penetrantes. Un tipo menos frecuente de radiactividad β es la β^+, en la que un protón se transforma en un neutrón emitiendo un positrón; por su carácter de antimateria este se desintegra apenas es producido por reacción con un electrón de la materia circundante, dando lugar a dos rayos γ en direcciones opuestas (este es el fundamento de la tomografía por emisión de positrones).

3. Rayos γ. Son ondas electromagnéticas emitidas por núcleos inestables. Es el tipo más penetrante de radiación, que sólo es detenida por capas gruesas de plomo u hormigón.

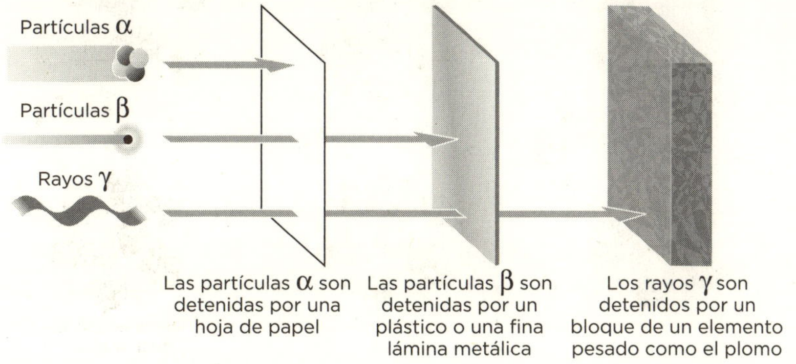

Capacidad de penetración de los rayos α, β, γ.

años y su salud empezaba a resentirse por haber estado trabajando con sustancias radiactivas sin tomar ninguna precaución. Además, llevaba veinte años luchando para hacerse un hueco en el anquilosado *establishment* científico francés, que no le reconocía sus incuestionables méritos ni le daba el apoyo institucional y económico que necesitaba. Rutherford, en cambio, había trabajado en uno de los laboratorios pioneros en el estudio de la estructura del átomo, el Cavendish de Cambridge, y al finalizar su tesis obtuvo una cátedra en la Universidad McGill, en Montreal, Canadá. Allí dispuso de un laboratorio muy bien dotado para estudiar la radiactividad, aunque carecía de lo único que Marie y Pierre tenían en abundancia: fuentes de radio. Rutherford tenía veintisiete años, acababa de casarse y estaba en la plenitud de sus facultades físicas y mentales.

Rutherford dio con la clave que permitiría desentrañar todo el galimatías de la radiactividad. En cambio, el creativo, brillante y soñador Pierre no solo no encontró la solución, sino que se empecinó en no darle la razón a Rutherford durante años. Marie, por una especie de lealtad a su memoria, hizo suyo ese empecinamiento y dejó atrás esa mezcla de curiosidad y ausencia de prejuicios de la que había hecho gala al iniciar su tesis, gracias a la cual había abierto la puerta a un nuevo campo de investigación. Y el equipo inglés capitaneado por Rutherford, a quien muchos años después sus exquisitos colegas de la metrópoli lo recordaban con especial admiración por hablar inglés sin acento neozelandés, ganó el partido por goleada.

EMANACIÓN

En noviembre de 1899 Pierre y Marie observaron que todas las sustancias que se encontraban cerca de las sales de radio y polonio parecían volverse radiactivas, y que la radiactividad perduraba durante un tiempo bastante largo. Llamaron a este fenómeno «radiactividad inducida». Al otro lado del Atlántico, Rutherford, que al principio solo contaba con sales de torio, relativamente poco activas, encontró un fenómeno parecido en febrero de 1900. Con anterioridad, en el laboratorio de Cambridge, él mismo ya había notado cómo a veces la actividad se veía afectada por factores espurios, tales como que alguien abriera la puerta del laboratorio. Al igual que Pierre, pensó que podía tratarse de una contaminación del polvo de la sustancia radiactiva original, que se había depositado en las superficies cercanas, y al igual que había hecho Pierre, limpió con agua estas superficies para eliminar la posible contaminación. No obstante, Rutherford llegó más allá: trató las superficies radiactivas con papel de lija y luego con ácido sulfúrico. Con este vigoroso tratamiento, la radiactividad desapareció completamente, lo que indicaba que el agente causante del fenómeno tenía una base material. Concluyó que lo que Pierre había llamado «radiactividad inducida» muy probablemente era la radiación emitida por una nueva sustancia, la cual tenía que ser extremadamente radiactiva, pues cantidades que debían ser ínfimas, pues eran indetectables por cualquier método de análisis, daban lugar a una actividad considerable.

Desde el principio Rutherford barajó la hipótesis de que el agente responsable de la emisión tenía masa (¿cómo si no iba a ser arrastrada por la lija y atacada por el sulfúrico?). No obstante, no se atrevió a asignarle un carácter material, por lo que buscó un nombre que pudiera dar cabida a otras hipótesis y llamó «emanación» a esta especie de vapor radiactivo. Estaba convencido de que la «radiactividad inducida» de Pierre y su «emanación» eran el mismo fenómeno al que daban explicaciones diferentes. En junio de 1900 el alemán Friedrich Dorn descubrió que el radio emitía una «emanación» similar a la detectada por Rutherford en el torio. Años más tarde ambas se identificarían como el gas noble radón, pero durante mucho tiempo se las conoció con nombres distintos, llamando «thoron» a la del torio, y «radón» a la del radio.

En marzo de 1901 Pierre Curie y André Debierne siguieron estudiando la radiactividad inducida y observaron que era mucho más intensa cuando operaba en una vasija cerrada, lo que interpretaron como que se transmitía a través del aire. Cuando hacían vacío en el recipiente que contenía la sustancia activa, la radiactividad inducida desaparecía. Como esto es lo que cabría esperar si su origen era un gas, para Rutherford ese experimento fue la confirmación de que Pierre Curie estaba detectando la misma «emanación» que él había descrito. Pero Pierre, que había adoptado el término «emanación» propuesto por Rutherford, no aceptaba que tuviera una base material, alegando que podía haber otras muchas causas que explicaran el fenómeno.

En cambio, la aproximación de Rutherford fue mucho más práctica. Aparte de no faltarle creatividad, energía ni medios para comprobar todas las hipótesis que se le ocurrieran, su entusiasmo y la abundancia de recursos provocó que la Universidad McGill atrajera a las mentes más brillantes e inquietas del momento. Ningún científico en la historia de la ciencia ha superado su récord en cuanto a la capacidad de Rutherford para atraer y formar científicos de excepción: once de sus alumnos recibirían un premio Nobel. Su laboratorio se convirtió en el centro mundial de la investigación sobre radiactividad, en el cual se sucedían descubrimientos fascinantes a una velocidad vertiginosa.

TRANSMUTACIÓN

Convencido de la naturaleza material de la «emanación», en octubre de 1901 Rutherford contrató a un joven y excéntrico químico de Oxford, Frederick Soddy, para que la estudiara. Tras realizar los primeros experimentos, Soddy no pudo reprimir su entusiasmo al comprender que estaba siendo testigo de un fenómeno nuevo y singular y corrió a decirle a Rutherford que se trataba de una «transmutación», que el torio se transformaba en otro elemento. Rutherford lo tuvo que calmar y le pidió discreción para que no los tomaran por alquimistas, pero sus observaciones no le resultaron disparatadas, pues eso era lo que él había intuido desde el principio. Soddy continuó con sus experimentos y llegó a la conclusión de que la «emanación» no provenía directamente del torio, sino de una impureza radiactiva a la que llamó «torio-X», que se desintegraba mucho más rápidamente que el torio. Midiendo las intensidades de emisión de radiación encontró que las curvas de decaimiento de la actividad del torio y la recuperación del torio-X eran complementarias, lo que le llevó a postular que los átomos de torio-X se producían por descomposición de los del torio. Por

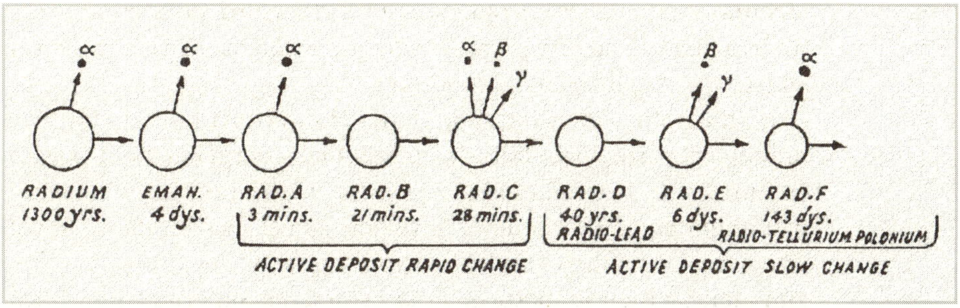

Un átomo de radio emite una partícula alfa, convirtiéndose en «emanación» (en realidad, el gas radón). Este átomo a su vez emite una partícula, «Radium A», (hoy se sabe que es una forma de polonio). La cadena termina con plomo estable.

otro lado, comprobó que la «emanación» quedaba inalterada tras atravesar todo tipo de reactivos químicos en un amplio rango de temperaturas, por lo que solo podía ser un gas del grupo del argón. Los elementos de este grupo acababan de ser descubiertos y se denominaron «gases nobles» porque no reaccionaban con nada.

Rutherford y Soddy escudriñaron los compuestos con los que trabajaban intentando aislar el torio-X, de forma similar a como Marie había aislado el polonio y el radio. Fracasaron, pero llegaron a la conclusión de que además de torio, torio-X (luego identificado con radio-224) y «emanación» había otra sustancia intermedia aún más reactiva. En el verano de 1902 Rutherford y Soddy publicaron los resultados de estos experimentos, pero aún no se atrevieron a incluir la principal conclusión: que estaban teniendo lugar varias transmutaciones sucesivas de un radioelemento en otro. La radiación que Rutherford había llamado α estaba formada por partículas cuya emisión implicaba un cambio fundamental en el átomo, que se transformaba en otro con propiedades distintas.

En mayo de 1903 Rutherford y Soddy generalizaron sus descubrimientos: las transformaciones radiactivas sucesivas formaban familias de radioelementos. Diseñaron la tabla reproducida arriba, en la que explicaban cómo cada nuevo elemento se formaba a partir del precedente por la emisión de una partícula α. Estos nuevos «cuerpos radiactivos» no se habían descubierto antes porque se estaban desintegrando constantemente, por lo que se encontraban presentes en una cantidad tan pequeña que no se podía detectar por ningún método clásico. Estos científicos —tal y como explica Pierre Radvanyi en su libro sobre los Curie— concluyeron:

En los minerales naturales conteniendo estos radioelementos estas transformaciones han debido de ocurrir continuamente durante largos períodos, por lo que los productos últimos aparecen en la naturaleza como compañeros permanentes de los radioelementos. El helio es probablemente uno de estos productos. [...] La expulsión de una partícula cargada constituye una transformación. [...] En una transformación radiactiva un átomo sufre una desintegración.

SERIES RADIACTIVAS

Hay tres series radiactivas naturales cuyos isótopos de partida son el uranio-238, el uranio-235 y el torio-232. Marie trabajó fundamentalmente con la primera, y Rutherford, con la tercera. En los tres casos el elemento estable final es un isótopo estable de plomo. Los períodos de semidesintegración de los primeros elementos de las series y sus respectivas abundancias naturales son:

U-238 (99,27%) = 4,47 x 10^9 años.
U-235 (0,72%) = 7,1 x 10^8 años.
Th-232 (100%) = 232 x 10^8 años.

El radio-226 es uno de los miembros intermedios de la primera serie y el polonio-210 es el penúltimo miembro de esa serie que se desintegra dando plomo-206. La proporción de los distintos elementos de una serie permanece aproximadamente constante a lo largo del tiempo. La relación entre las concentraciones del elemento padre y sus hijos es inversamente proporcional a sus períodos de semidesintegración. Estas proporciones sirven como «reloj» para distintas escalas de tiempo y, por ejemplo, sirvieron para determinar la edad de la Tierra. En el gráfico adjunto se da como ejemplo la serie radiactiva del uranio-238, cuyo elemento final es el isótopo estable plomo-206. En el eje horizontal se indica el numero atómico, Z (número de protones en el núcleo), y en el vertical, el numero másico, A (número de protones más neutrones del núcleo). Las emisiones α se indican con flechas blancas; las β, con flechas negras. Al lado de cada flecha blanca se indica el tiempo de semidesintegración, en años, días, minutos o segundos. El menor es el del polonio-214, igual a 200 microsegundos (200×10^{-6} segundos). El mayor es el del uranio-238, 4500 millones de años. En las líneas verticales figura el mismo elemento (igual número atómico), mientras que en las líneas horizontales aparecen isótopos de distintos elementos con el mismo número másico.

Más tarde se demostraría que el uranio, el torio y el radio pertenecían a una misma familia, de ahí que todos estuvieran presentes en la pechblenda.

En la parte inferior de la tabla de Rutherford y Soddy se hace referencia a otro gran descubrimiento que los investigadores hicieron público ese mismo año: la ley de desintegración radiactiva. Ambos científicos establecieron que el número de átomos radiac-

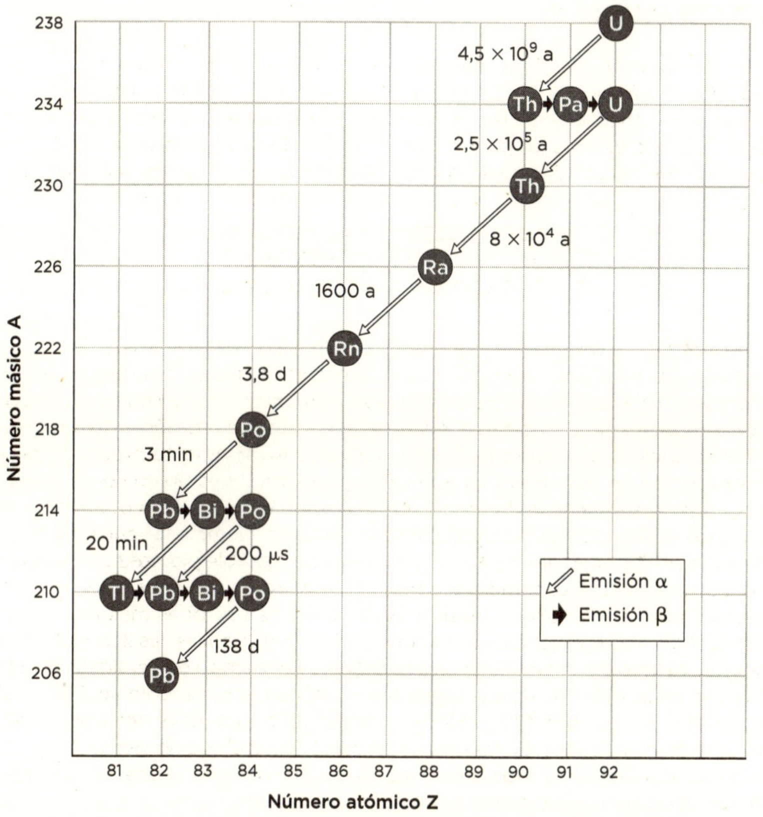

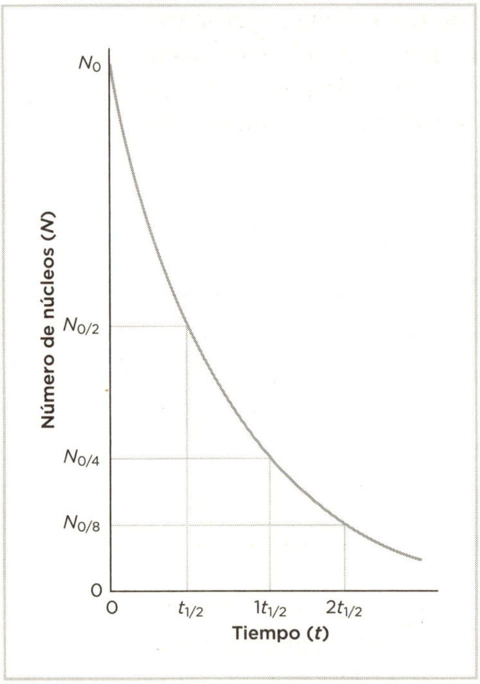

tivos que se desintegraban por unidad de tiempo era proporcional al número total de átomos del elemento, por lo que el decrecimiento seguía una ley exponencial. Es lo que en química se denomina «cinética de orden 1», es decir, que la velocidad de la reacción es proporcional a la concentración de los reactivos elevada a 1, lo que significa que corresponde a procesos unimoleculares. En estos procesos, la concentración de los reactivos sufre un decaimiento exponencial:

$$N(t) = N_0 e^{-\lambda t},$$

siendo N_0 el número de átomos (más precisamente, sus núcleos, denominados radionúcleos) en el instante inicial, $t = 0$; $N(t)$, el número de átomos en el instante t; y λ, la constante de desintegración radiactiva, es decir, la probabilidad de desintegración por unidad de tiempo de una especie radiactiva. Esta constante de proporcionalidad era característica de cada elemento radiactivo e indicaba la estabilidad del mismo. A partir de ella se definió el «período de semidesintegración», $t_{1/2}$, que era el tiempo que tardaban en desintegrarse la mitad de los átomos de una muestra de un elemento dado. Si

$$N = N_0/2 \rightarrow t = t_{1/2},$$
$$t_{1/2} = \ln 2/\lambda.$$

A mayor valor de λ, mayor probabilidad de desintegración y menor período de semidesintegración. Al final de cada período, la actividad (número de desintegraciones por unidad de tiempo) de una muestra se reduce a la mitad de la actividad inicial, ya que esta es proporcional al número de radionúcleos presentes en cada instante. Cada radionúcleo tiene un período característico; en general, diferente del de otros. En la siguiente tabla se incluyen los períodos de los primeros radionúcleos con los que trabajó Marie.

Radionúcleo/Isótopo	Período de semidesintegración	Emisión
Uranio-238	4 468 millones de años	α
Radio-226	1600 años	α
Polonio-210	138,38 días	α
«Emanación» de radio = = Radón-222	3,82 días	α
«Emanación» de torio Thoron = Radón-220	55,6 segundos	α

De este modo, los valores de $t_{1/2}$ podían variar entre fracciones de segundo y millones de años, y ninguna circunstancia podía modificarlos. En una primera estimación se determinó que ese período en el radio era 1 300 años mientras que en el polonio era de algo más de 143 días. Ambos valores fueron corregidos posteriormente, siendo los valores definitivos 1 600 años y 138 días. En la tabla confeccionada por Rutherford y Soddy los investigadores agruparon las sustancias de una de las familias radiactivas: por un lado, estaba el radio y la emanación; por otro, tres sustancias que eran depósitos radiactivos «de cambio rápido», con períodos de semidesintegración de minutos, y en un tercer grupo incluyeron otras tres sustancias que llamaron de «cambio lento», cuyo período de semidesintegración podía ser de varios días o de años.

Así, $t_{1/2}$ se convirtió en una de las principales herramientas para la identificación de un elemento radiactivo o radioelemento. Esta ley daría lugar a multitud de aplicaciones en campos tan diversos como la arqueología, con el método de datación de objetos mediante la determinación de la concentración de ^{14}C, o la geología, donde permitió hacer la primea determinación precisa de la edad de la Tierra.

CURIETERAPIA

Los rayos X se empezaron a emplear en medicina apenas unos meses después de su descubrimiento. Inicialmente se utilizaron en los diagnósticos, mediante el uso de radiografías análogas a la de la mano de la mujer de Roentgen, y poco después en terapia. Como la radiactividad tenía unas propiedades similares a los rayos X, Pierre pensó que podría afectar al cuerpo humano. En 1900 el dentista alemán Otto Walkhoff comprobó que tras poner una tela impregnada con una disolución de radio en contacto con su piel dos veces durante 20 minutos cada vez, se producía una inflamación que duraba dos semanas. Por otro lado, el químico alemán Friedrich Oskar Giesel, que trabajaba para la compañía Buchler —la cual obtenía radio siguiendo el procedimiento que había puesto a punto Marie—, comprobó que si se acercaba un ojo cerrado a una caja también cerrada conteniendo sales de radio, percibía una sensación de luz en la retina. Por otro lado, se puso 270 mg de sal de radio en un brazo durante dos horas, y le produjo quemaduras que tardaron varias semanas en curar. De Giesel decían sus compatriotas Geitel y Elster que tenía el cuerpo más radiactivo que se podía encontrar: su aliento descargaba un electroscopio 18 horas después de haber dejado el laboratorio.

Conociendo estos resultados, a comienzos de 1901, en un experimento que hoy consideraríamos suicida pero que entonces se debía considerar normal a la vista de los realizados por los alemanes, Pierre estudió en su propio cuerpo los efectos del radio descritos por Walkhoff. Pegó un trozo de gutapercha impregnada con sales de radio a la piel de su brazo, y la mantuvo ahí durante diez horas. Tras retirarla, la piel se le fue enrojeciendo cada vez más conforme pasaban los días, adquiriendo el aspecto de una quemadura, aunque no sentía dolor. El tejido se ennegreció indicando que la lesión era profunda y se formó una herida que tuvo que vendar y tardó en curarse más de dos meses. A Henri Becquerel le causó una herida parecida un tubo sellado que contenía una sal de radio, que le había dado Pierre para usarlo en una conferencia y que había transportado en el bolsillo de su chaleco. Al finalizar la conferencia, fue a contarles lo de su quemadura a los Curie, entre orgulloso y enfadado. Henri Becquerel y Pierre Curie enviaron una nota conjunta a la Academia de Ciencias francesa el 3 de junio de 1901, describiendo los efectos del radio sobre su piel.

Este trabajo, que no estaba en la línea de los realizados hasta entonces por Pierre, atrajo enseguida la atención de la clase médica. De hecho, la primera persona que los propuso a él y a Marie como candidatos para el premio Nobel fue el médico-patólogo Charles Bouchard. Aunque no se correspondía en absoluto con el desarrollo de su investigación, especialmente en el caso de Marie, que no publicó nada en este campo, las aplicaciones médicas del radio fueron lo que dio una mayor repercusión pública a su trabajo. Así, en el viaje triunfal que realizó Marie a Estados Unidos en 1921, la investigadora fue recibida como «la curadora del cáncer».

Poco antes de hacer el ensayo en su propia piel, en 1900, Pierre había enviado al médico Henri Daulos, del hospital de Saint Louis de París, muestras de radio muy activas para que realizara los primeros ensayos terapéuticos de su efecto en distintas enfermedades cutáneas. Inicialmente trataron lupus y luego ciertos tipos de cánceres de piel. A estos ensayos en París siguieron otros en los cinco o seis primeros años del siglo xx, que se realizaron en los principales hospitales europeos y norteamericanos: varios de Alemania, San Petersburgo, Londres y Chicago. En algunos casos, el tratamiento era superficial; en otros, como en cánceres de útero, cérvix, esófago o recto, se insertaban ampollas conteniendo radio. En muchas ocasiones, como el radio era caro y escaso, las ampollas conteniendo sales de radio fueron reemplazadas por otras que contenían la «emanación». Fue el comienzo de la terapia basada en la radiactividad, lo que hoy conocemos como radioterapia o simplemente «radio», que en Francia, debido a la persona que inició el proceso, se llamó durante mucho tiempo «curieterapia».

Para desarrollarla, aparte de los estudios con pacientes, que se fueron ampliando y perfeccionando en las primeras décadas del siglo xx, se requirieron dos desarrollos técnicos. De entrada, se puso de manifiesto la necesidad de establecer un control de

RADIOTERAPIA

La relevancia pública que adquirió Marie Curie se debió en gran medida a que el radio que ella descubrió se identificó desde el principio con un remedio milagroso para curar todos los males. Aunque esa primera percepción era claramente errónea, es casi imposible evaluar el número de personas que se han beneficiado de la radioterapia a lo largo de sus más de cien años de historia. Como es lógico, las técnicas que se emplean hoy en día tienen muy poco que ver con las que se aplicaron en los años inmediatamente posteriores al descubrimiento del radio. No obstante, debe recordarse que la contribución de Marie y Pierre fue fundamental: ellos descubrieron una nueva herramienta para curar una enfermedad para la que entonces no había cura, el cáncer. El radio es la fuente radiactiva natural que se usó mientras no hubo alternativas. El principal problema del radio-226, el isótopo mayoritario del radio natural, es que antes de emitir los rayos γ buscados, emite las nada saludables partículas α, transformándose en radio-222, la forma excitada que emite la radiación γ. El descubrimiento de Irène Curie y Frédéric Joliot-Curie de la radiactividad artificial en 1935 abrió la posibilidad de obtener emisores γ más «limpios». El radionúcleo elegido fue el cobalto-60 (que es un producto de fisión obtenido en un reactor nuclear, las famosas «bombas» de cobalto que siguen usándose hoy), porque al ser más ligero que el radio presenta radiactividad β, mucho menos dañina que la α. En la década de 1930 se pensó que sería aún mejor usar otras fuentes de radiación γ, tales como los aceleradores de partículas, cuya energía pudiera seleccionarse y cuyo funcionamiento pudiera detenerse cuando no fuera necesario su uso, cosa que es imposible hacer con los radio-

las dosis que recibía el paciente, para lo cual hacía falta establecer un patrón de emisión como primer paso para cuantificar tales dosis. De esta tarea se ocuparía Marie en los últimos años de su carrera. El otro desarrollo que hizo avanzar extraordinariamente la radioterapia fue el descubrimiento de la radiactividad artificial, que realizó Irène, la hija de Marie, junto con su marido, Frédéric Joliot-Curie. Esta permitió reemplazar el radio, que originaba problemas de protección, por átomos radiactivos obtenidos artificialmente, como el cobalto-60.

Es sorprendente que el hecho de que los rayos fueran tan agresivos con las células cancerosas no hiciera sospechar a las primeras personas que los usaron el daño que podía causar en

núcleos. Por ello desde hace más de veinte años, las unidades de radioterapia de los hospitales utilizan aceleradores de electrones, que producen fotones al ser frenados en un trozo de metal, usualmente wolframio.

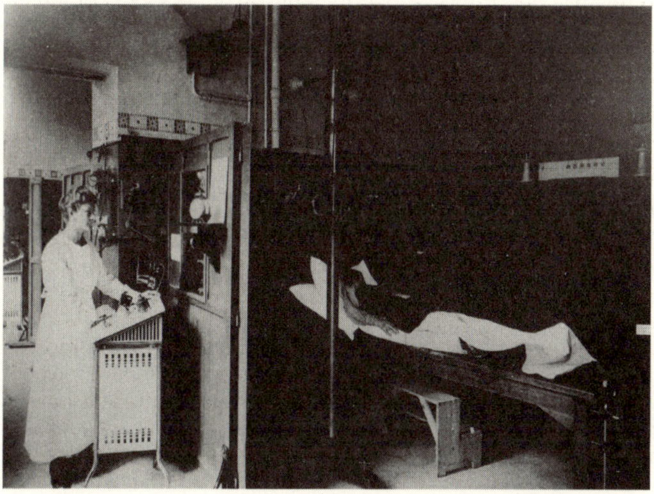

Fotografía realizada en 1928 de la unidad de radioterapia del hospital alemán de Erlangen.

las células sanas. Sin embargo, Pierre sí debió pensar en esa posibilidad, pues poco después de que se pusieran en marcha los experimentos de radioterapia comenzó a hacer experimentos con ratones de laboratorio y conejillos de Indias. Comprobó que morían poco después de implantarles cerca de la médula ampollas con sales de radio. También morían al inhalar la «emanación». Los resultados de estos estudios los recogió Pierre en el último trabajo que publicó antes de morir. Tras su muerte nadie continuó con estas investigaciones, pues Marie estaba tan convencida de que del radio solo podían salir cosas buenas, como la curación del cáncer, que ni siquiera investigó la posibilidad de que pudiera ser la causa de otras enfermedades.

MUERTE POR POLONIO: EL CASO LITVINENKO

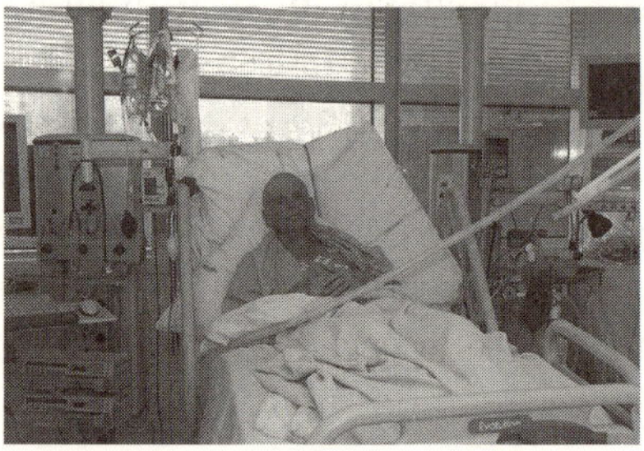

Las bombas de Hiroshima y Nagasaki, hecatombes planetarias con las que la energía nuclear se dio a conocer, han asociado inevitablemente este tipo de energía con la muerte. Sin embargo, la energía nuclear tiene en su haber muy pocas muertes, especialmente si la comparamos con otras fuentes de energía, como los combustibles fósiles, que han causado y causan miles de muertes por accidentes de tráfico e incendios en depósitos de petróleo y refinerías. No obstante, uno de los casos más espectaculares estuvo relacionado con un elemento radiactivo, el polonio-210, que causó la muerte de Alexander Litvinenko. Fue una agonía, retransmitida por la televisión, que se prolongó durante casi tres semanas en noviembre de 2006, durante las cuales todo el mundo vio a un hombre joven envejecer y consumirse hasta morir. El polonio (concretamente su isótopo, cuyo número másico A = 210) que encontró Marie Curie es el penúltimo elemento de la serie del uranio-238. Su corto tiempo de semidesintegración, de sólo 138 días, hace que su concentración en la pechblenda sea muy pequeña. Su hija Irène también lo estudió y posiblemente este elemento no fuera ajeno a la leucemia que causó la muerte de ambas. Pero las dos vivieron muchos años después de entrar en contacto con él, no así Litvinenko. El problema es que él se lo bebió en un té que tomó en el restaurante del Millenium Hotel de Londres. ¿Quién procesó las toneladas de pechblenda necesarias para obtenerlo? Muy probablemente fue preparado ex profeso en un reactor nuclear, bombardeando bismuto-209, un isótopo estable, con neutrones de alta energía, que dan lugar a bismuto-210, el cual a su vez se desintegra espontáneamente emitiendo una partícula β y produciendo el polonio-210. La reacción de síntesis es la siguiente:

$$^{209}_{83}\mathrm{Bi} + ^{1}_{0}\mathrm{n} \rightarrow ^{210}_{83}\mathrm{Bi} \rightarrow ^{210}_{84}\mathrm{Po} + ^{0}_{-1}\beta,$$

y la de desintegración es:

$$^{210}_{84}\mathrm{Po} \rightarrow ^{206}_{82}\mathrm{Pb} + ^{4}_{2}\alpha.$$

Las partículas α atacaron los folículos pilosos, las mucosas del intestino, los riñones y el hígado de Litvinenko, pero la muerte llegó cuando destruyeron su médula. ¿Quién podía estar tan interesado en la muerte del ex espía ruso para pagar entre uno y diez millones de dólares por el polonio que lo mató?

Pero los hechos se empeñarían en contradecirla: las emisiones radiactivas eran un veneno silencioso e invisible que fue minando la salud de todos aquellos que manipulaban las sustancias que las producían sin mostrar ningún efecto hasta que era demasiado tarde. Sorprendentemente, Marie, la persona que primero las identificó y manipuló en mayores cantidades, vivió hasta los sesenta y siete años, una edad avanzada para una mujer de su época. Además, a pesar de sus múltiples achaques, Marie tuvo una desbordante actividad hasta poco antes de morir, lo que no ayudó a alertar sobre el carácter letal de las emisiones radiactivas con las que trabajó toda su vida.

A principios del siglo XX se estaba muy lejos de conocer la cara siniestra del radio, ya que entonces el nuevo elemento se recibió como la panacea para curar todos los males, desde las enfermedades de la piel hasta la artrosis, pasando por el reumatismo o la depresión, aparte, por supuesto, de todo tipo de cánceres. Entre las aplicaciones más curiosas del radio cabe destacar la realizada por un tal doctor Alfred Curie —que nada tenía que ver con la familia Curie—, que en 1911 presentó su tesis sobre el estudio de la espina bífida en la Universidad de París. Años después se dedicó a negocios más lucrativos y patentó una crema facial llamada Tho-Radia. Sus ingredientes, a los que hace referencia su nombre, eran 0,5 g de cloruro de torio y 0,25 mg de bromuro de radio por cada 100 g de crema. La publicidad prometía, cómo no, una cara «radiante». Por su parte, un farmacéutico egipcio patentó más de cien preparados a base de radio con nombres tan explícitos como Radioskin, Radiobust o Radiviril.

LA OBTENCIÓN DEL RADIO Y LA POLÉMICA DEL POLONIO

Tras varios años dedicada a ello, a comienzos de 1902 Marie consiguió aislar algo más de la décima parte de un gramo (120 mg) de cloruro de radio puro, a partir del cual determinó el peso molecular del radio, 225±1, un valor muy próximo al real (226,03). Obtener esa pequeñísima cantidad no solo requirió años de trabajo, sino una extraordinaria pericia química, dados los procesos en los que estaba implicado el radio. Para una serie radiactiva como la mostrada por la tabla de Rutherford y Soddy, el proceso de desintegración nunca se detiene; todo elemento «hijo» proveniente de la desintegración del elemento «padre» también se desintegra, y ambos lo hacen a un ritmo fijo. Por ello, la máxima proporción entre un elemento «hijo» y un elemento «padre» viene dada por el cociente de sus períodos de semidesintegración. Como el del uranio (elemento padre) es de 4500 millones de años y el del radio (elemento hijo) es 1600 años, en un mineral que los contiene a ambos la máxima proporción de radio/uranio que se puede encontrar es de 1.600/4470000000, es decir 1/2800000, aproximadamente 1 gramo/3 toneladas.

Pero Marie no procesó uranio puro, sino restos de una de sus menas contaminadas con agujas de pino y otros materiales, por lo que la máxima proporción se aproximaba a 1 gramo de radio/10 toneladas de material. Por otra parte, el radio y el bario tienen propiedades químicas muy parecidas, por lo que es fácil que parte del radio fuera arrastrado por el bario, que además estaba en mucha mayor proporción. Y lo peor de todo, Marie desconocía la naturaleza de los procesos involucrados en la radiactividad, así como las propiedades del radio y la causa de que estuviera asociado al uranio y de que las concentraciones máximas esperables fueran tan extraordinariamente pequeñas. Quizá si lo hubiera sabido no habría abordado el proceso.

Por todo ello, la obtención de esos 120 mg de cloruro de radio puro fue una proeza extraordinaria no solo desde el punto de vista químico, sino desde el punto de vista físico y radiológico. Además, la mayor parte de ese proceso lo realizó sola, pues una vez que Pierre estuvo convencido de la existencia del radio, su curiosidad lo había llevado a investigar las propiedades de los rayos y sus efectos sobre el cuerpo humano.

Poco después de aislar el cloruro de radio, Marie escribió a su padre a Varsovia comunicándole la noticia tanto tiempo esperada. Aunque su salud estaba ya muy deteriorada, Władysław aún tuvo fuerzas para felicitarla y bromear diciendo que, dado el trabajo que le había costado obtenerlo, había sido el elemento más

FOTO SUPERIOR IZQUIERDA:
Pierre y Marie junto a su hija Irène en una fotografía tomada en 1906, el año en el que murió el científico.

FOTO SUPERIOR DERECHA:
Anuncio de Tho-Radia, crema facial que incluía el cloruro de torio y el bromuro de radio entre sus componentes.

FOTO INFERIOR:
El premio Nobel otorgado a los Curie en 1903 por el descubrimiento de la radiactividad.

costoso en la historia de la humanidad. Murió seis días después; Marie solo pudo llegar a su entierro.

En diciembre de 1902, cuando parecía que sus problemas con el radio habían quedado definitivamente zanjados —aunque, en realidad, no habían hecho más que empezar— surgió una agria polémica en torno al polonio. El físico alemán Wilhelm Marckwald, de la Universidad de Berlín, publicó un artículo en el que decía haber descubierto un nuevo elemento químico. Lo bautizó con el nombre de «radioteluro» porque sus propiedades químicas eran similares a las del teluro, un elemento del grupo del oxígeno. Este radioelemento no era otro que el polonio, el elemento que Marie había nombrado en memoria de un país entonces inexistente. La polémica la habían alentado involuntariamente Marie y Pierre, ya que en un artículo publicado en enero de 1902 habían escrito que el polonio era una especie de bismuto y que aún no estaba probado que fuera un nuevo elemento. En otro de los artículos que publicó Pierre al año siguiente decía que el radio era el único elemento radiactivo cuya existencia estaba probada inequívocamente. Sin embargo, a la vista de su virulenta reacción ante la propuesta de Marckwald, Marie no suscribía esa afirmación. Otro de los hechos que alentó al alemán fue la afirmación hecha por los Curie de que la actividad del polonio decrecía lentamente, mientras que según el físico alemán la actividad de su «radioteluro» permanecía constante a lo largo del tiempo.

Marckwald tuvo acceso a grandes cantidades del residuo de la pechblenda de Joachimsthal y también disponía de mayores medios en su laboratorio. Por otra parte, cuando siguió el proceso de Marie para el aislamiento del polonio usando precipitaciones sucesivas y no consiguió obtenerlo puro, utilizó métodos electroquímicos que le llevaron a triunfar donde Marie había fracasado. De este modo, pudo aportar una pequeña cantidad del elemento puro. Marckwald situó el nuevo elemento en el grupo de la tabla periódica al que en realidad corresponde, el del oxígeno. Meses después de la aparición del artículo de Marckwald, Marie descartaba esta propuesta displicentemente en una adenda de su tesis doctoral: «La elección de un nuevo nombre para esta sustancia es fútil en el presente estado de la cuestión».

Pero la cosa no quedó ahí, Marie necesitó nueve meses de intenso trabajo para refutar las alegaciones de Marckwald. De entrada lo desafió a probar la invariabilidad en la actividad del «radioteluro» durante períodos lo suficientemente largos. En ayuda de Marie acudió Frederick Soddy, que en un artículo publicado en 1904 hizo notar a Marckwald que la constancia en la radiactividad iba en contra de todo lo conocido hasta entonces sobre las sustancias radiactivas. Soddy también afirmaba que estaba seguro de que la mayor parte de los hombres de ciencia estarían de acuerdo en las protestas de Marie ante lo que claramente era un intento de dar un nuevo nombre al polonio. El arma definitiva para alcanzar la victoria final también la proporcionó Soddy a través de su ley de desintegración de las sustancias radiactivas.

Tras repasar y completar sus experimentos, Marckwald comprobó que, como habían anticipado Marie y Soddy, la actividad del «radioteluro» no era constante, sino que decrecía con el tiempo. Determinó que su tiempo de semidesintegración era de 139,8 días. Por su parte, Marie, a partir de cinco muestras obtenidas por precipitación, y de otra obtenida por el «muy conveniente método de la electrolisis» puesto a punto por Marckwald, determinó que para el polonio ese tiempo tenía un valor de 140 días. Este resultado, concluyó Marie, era la prueba definitiva de que se trataba del mismo elemento. Como no era miembro de la Academia de Ciencias francesa, Pierre, que por fin había sido admitido, fue el encargado de presentar en su nombre estos resultados el 29 de enero de 1906, en lo que sería su última comunicación científica antes de morir. Además Marie publicó su refutación en alemán, para demostrar a los compatriotas de Marckwald hasta qué punto este había errado. Finalmente, Marckwald retiró caballerosamente el nombre de radioteluro y aceptó el de polonio. En su rendición hubo, sin embargo, un punto de ironía, que lleva a pensar que debió de sentirse herido por la reacción indignada de Marie, ya que el físico alemán incluyó unos versos de William Shakespeare:

> ¿Qué hay en un nombre? Lo que llamamos rosa con cualquier otro nombre exhalaría el mismo perfume embriagador.

Pero el polonio tenía sin duda el perfume del radioteluro, pues como se ha indicado anteriormente teluro y polonio están en el mismo grupo de la tabla periódica. Desde entonces se aceptó que el período de semidesintegración era una prueba válida para la identificación de un radioelemento.

EL RECONOCIMIENTO BRITÁNICO Y EL DOCTORADO EN LA SORBONA

El trabajo de Marie y Pierre era más apreciado en el extranjero que en Francia, y a comienzos del verano de 1903 el matrimonio recibió una invitación de la Royal Institution of Great Britain, que tiene su sede en Londres. Allí fueron calurosamente acogidos por lord Kelvin, admirador del trabajo de Pierre desde su descubrimiento de la piezoelectricidad. Conocieron a William Crookes, inventor de los tubos que llevan su nombre y que permitieron estudiar los rayos catódicos, y a los científicos escoceses, sir William Ramsay, descubridor de los gases nobles, y sir James Dewar, que da nombre a los recipientes que permiten conservar líquidos a bajas temperaturas y con quien poco después Pierre estudió el calor desprendido por el radio. Pierre hizo una presentación de su trabajo en una de las famosas sesiones de la Royal Institution (las denominadas «noches de los viernes»), en concreto, la del 19 de junio. Impartió su conferencia y a continuación realizó una serie de experimentos que pusieron de manifiesto la capacidad del radio para impresionar películas fotográficas e irradiar calor. Para terminar, dejó al público asistente boquiabierto al mostrar su deslumbrante luminosidad tras haber apagado las luces. Esta sesión dejó un rastro imperecedero en la institución, pues durante los experimentos Pierre derramó un poco de disolución conteniendo la sal de radio. Cincuenta años más tarde un equipo de científicos del laboratorio de Harwell tuvo que descontaminar la sala de conferencias.

Poco después de su vuelta a París, el 23 de junio de 1903, Marie presentó en la Sorbona su tesis doctoral dedicada al *Es-*

tudio de las sustancias radiactivas. En ella no solo recogió los resultados de sus propias investigaciones, sino una panorámica general del nuevo campo científico que había nacido a raíz de sus trabajos:

> Nuestras investigaciones sobre las nuevas sustancias radiactivas han originado un movimiento científico y han sido el punto de partida de numerosos trabajos relativos a la investigación de las mismas y al estudio del rayo emitido por las sustancias radiactivas conocidas.

En la defensa pública ante el tribunal y en la primera versión de la tesis, Marie no se decantó por ninguna teoría para explicar la radiactividad, pero añadió la teoría de Ernest Rutherford de las desintegraciones atómicas en la reedición que hizo en 1904. Curiosamente el neozelandés se encontraba en París con su esposa el día de la lectura de la tesis de Marie. Justo ese día le había llegado la invitación para visitar su laboratorio que Marie le había enviado meses atrás en una tarjeta que lo había ido persiguiendo por los laboratorios de medio mundo, reenviada por sus alumnos. Cuando Rutherford llegó al laboratorio, Marie, obviamente, no estaba. Tras maravillarse de cómo la investigadora había podido trabajar en tan lamentables condiciones, Rutherford y su esposa se unieron a la cena de celebración de la tesis que tuvo lugar en casa del físico Paul Langevin. Este había sido discípulo de Pierre en la Escuela de Física y Química Industriales y compañero de Rutherford en el Cavendish bajo la dirección de J.J. Thomson.

Rutherford estaba muy agradecido a Marie por la muestra de radio que le había enviado, que era mucho más activa que las suyas de torio, lo que le había permitido esclarecer el comportamiento de los distintos tipos de rayos en los campos magnéticos. Además, al contrario que la mayor parte de sus colegas, estaba plenamente convencido de la capacidad intelectual de las mujeres. No podía ser de otra forma, siendo el marido de la hija de una de las sufragistas que habían llevado el voto femenino a Nueva Zelanda, el primer país donde se instauró. Rutherford apreciaba de veras el trabajo de Marie, así como su forma austera de comportarse y vestir. No es de extrañar que desde el principio se estableciera entre ambos una relación de amistad que perduraría por encima de los enfrentamientos que Marie llegó a tener en el entorno más próximo de Rutherford, especialmente con el químico Boltwood.

Todos los asistentes guardaron recuerdos gratos de una velada que terminó con el colofón habitual de Pierre enseñando las disoluciones de radio en la oscuridad. Todos se percataron también de los abultados y enrojecidos dedos que apenas podían sostener los tubos, los mismos dedos temblorosos que unos días antes habían derramado parte de su contenido en el anfiteatro de la Royal Institution de Londres.

El resto del verano no fue todo lo plácido que debería haber sido tras la finalización de la tesis, porque tanto la salud de Pierre como la de Marie estaban muy deterioradas. Además, para colmo, o quizá como consecuencia de ese deterioro, en agosto de 1903, tras un extenuante viaje en bicicleta, Marie dio a luz una niña en el quinto mes de embarazo que nació viva, pero murió poco después. La investigadora había ido desde París a un pueblo de los alrededores para buscar el alojamiento donde Pierre, Irène y ella habían de pasar las vacaciones de verano. Aunque el detonante final fuera el viaje en bicicleta, Marie no se había encontrado bien desde el comienzo del embarazo, a pesar de lo cual había estado trabajando con disoluciones concentradas de polonio y radio, recibiendo dosis de radiación no aconsejables ni para una persona no embarazada. Muy posiblemente tuviera anemia y otras alteraciones hematológicas. Como defensora apasionada del ejercicio al aire libre como tratamiento para todos los males, planeó las vacaciones en el campo, lo cual en general le venía muy bien, pues la alejaba del laboratorio. Pero el ejercicio excesivo en sus circunstancias fue fatal para su embarazo. Este nacimiento prematuro la dejó muy afectada tanto física como psicológicamente, por lo que estuvo varios meses alejada del laboratorio y sin fuerzas para nada. Así, cuando en noviembre de ese año ambos recibieron la preciada medalla Davy otorgada por la Royal Society británica, Marie no pudo acompañar a Pierre a recogerla.

LA CONCESIÓN DEL NOBEL Y LA FAMA

A finales del año 1903 el matrimonio recibió una noticia alegre e inesperada: la Academia de Ciencias sueca les había otorgado el premio Nobel de Física, junto a Henri Becquerel, por el descubrimiento de la radiactividad. Sin embargo, no fue una concesión exenta de debate. Cuando en la propuesta inicial solo aparecieron Pierre Curie y Henri Becquerel, Gösta Mittag-Leffler —influyente miembro de la Academia sueca y valedor de otra mujer científica, la matemática rusa Sofia Kowaleskaia— le hizo saber a Pierre la ausencia de Marie. Pierre, tal y como recoge el libro de Pierre Radvanyi sobre los Curie, respondió:

> En el caso de que se haya pensado seriamente en mí, desearía que se me considerara solidario con la Sra. Curie en mis investigaciones de los cuerpos radiactivos. En efecto, es su primer trabajo el que ha determinado el descubrimiento de los nuevos cuerpos y su contribución es muy grande en este descubrimiento (ella también ha determinado el peso atómico del radio).

En la concesión del premio hubo otro aspecto objeto de debate. ¿A qué disciplina pertenecían los trabajos sobre los cuerpos radiactivos: a la física o a la química? Pierre y Henri eran físicos, pero el trabajo que había desarrollado Marie era fundamentalmente químico. Además, los descubrimientos realizados alteraban conceptos puramente químicos sobre la naturaleza y la estabilidad de los elementos. Finalmente, les concedieron el premio de Física, aunque la Academia no descartó la concesión futura de otro premio en la rama de Química.

Al solemne acto de entrega del premio de manos del rey de Suecia solo asistió Henri Becquerel. Los Curie, muy poco dados al boato, alegaron estar ocupados con sus tareas académicas. Lo estaban y mucho, pero el principal motivo de su ausencia en Estocolmo fue que su salud no era buena. Pierre sufría dolores en brazos y piernas, que habían llegado a ser tan fuertes que incluso tenía problemas para vestirse. Curiosamente, para mitigarlos tomaba estricnina, un potente veneno según sabemos hoy en día.

Por otro lado, tras el parto prematuro, ni la salud ni el ánimo de Marie acababan de recuperarse.

Aunque no viajaron a Estocolmo, los galardonados que causaron furor en Francia fueron Marie y Pierre. Becquerel daba el perfil que se esperaba de un sabio, pero la joven pareja, que tenía una hija pequeña, vivía con una austeridad espartana y trabajaba en unas condiciones muy duras, ajena a la pompa de las rancias instituciones académicas francesas, era una cara inusual de la ciencia. Pasaron de ser unos cuasi desconocidos, incluso en los medios académicos, a ser objeto de deseo de toda la prensa. Se convirtieron en la pareja de moda a la que todo el mundo quería entrevistar y de la que todo el mundo quería saber. Este tremendo estallido de popularidad irrumpió en sus vidas alterándolas de forma irreversible. Ninguno de los dos estaba preparado para esta hecatombe, que no solo les cambió la vida, sino que alteró la percepción que la sociedad tenía de un premio que hasta entonces solo había tenido una cierta repercusión en el ámbito científico, pero no había llegado al gran público, que tan solo dedicaba su atención al premio de Literatura o al de la Paz. En la percepción pública de los premios Nobel de ciencias hubo un antes y un después de su concesión a los Curie.

Aunque Marie y Pierre se quejaron amargamente del año «perdido» y de la intimidad avasallada, el premio trajo aparejadas muchas cosas positivas, en concreto un nuevo puesto de trabajo para cada uno de ellos y un laboratorio decente para ambos. El reconocimiento de su trabajo por una prestigiosa institución extranjera, que además estaba avalada por el mismísimo rey de Suecia, puso de manifiesto la extraordinaria calidad del mismo. Por otro lado, las numerosas fotos que aparecieron en la prensa del cobertizo de la Escuela en el que habían realizado la mayor parte de sus experimentos, pusieron de manifiesto el abandono en el que los tenía la ciencia francesa. El periodista Alphonse Berget, tal y como recoge Soraya Boudia en su texto dedicado a los Curie, declaró: «Para nosotros los franceses, la concesión del premio Nobel a los Curie es a la vez una gloria y una vergüenza».

No es de extrañar que a comienzos del año 1904 se creara una cátedra de Física en la Sorbona para Pierre, la cual se complemen-

ÈVE CURIE

Ève, la segunda hija de Marie y Pierre, fue la primera y más apasionada biógrafa de su madre, la auténtica creadora del mito de «Madame Curie». Vivió lo suficiente como para participar como invitada de honor de los presidentes de Francia, François Mitterrand, y Polonia, Lech Walesa, en el acto solemne de traslado de los restos de sus padres al Panthéon francés que tuvo lugar en 1995. Ève murió a los 102 años tras haber desarrollado fructíferas carreras como pianista, escritora, periodista y filántropa. Se dio la circunstancia de que todos sus familiares próximos obtuvieron premios Nobel: sus padres el de Física, su madre además el de Química, su hermana y su cuñado el de Química, y su marido, Henry Richardson Labouisse, el de la Paz, que recogió en nombre de UNICEF, organización de la cual fue director entre 1965 y 1979. En más de una ocasión Ève bromeó diciendo que era la vergüenza de la familia, al ser la única que no había recibido un premio Nobel. Durante el tiempo que estuvo casada con Labouisse, Ève participó activamente en las actividades de UNICEF.

Marie Curie con sus hijas Irène y Ève en 1921, fotografiadas durante su viaje a Estados Unidos.

taría poco después con un laboratorio al frente del cual estaba Marie, que por fin iba a recibir un sueldo por su trabajo científico. Hizo falta que le concedieran un premio Nobel para que a Marie le pagaran por su trabajo como científica.

Marie retomó el trabajo en el laboratorio cuando se recuperó de un parto prematuro en 1903. También volvió a sus clases en la antigua fábrica de porcelana de Madame Pompadour, la École Normale para señoritas de Sèvres. Aunque la preparación de las clases exigía un trabajo extra, debieron dar un respiro a su salud, pues la tenían alejada del laboratorio durante tres días a la semana. Al año siguiente volvió a quedarse embarazada y esta vez el embarazo llegó a término. En diciembre de 1904, justo un mes después de que se trasladaran al nuevo laboratorio en la Sorbona, nació Ève, una niña preciosa y sana.

Como había hecho tras el nacimiento de Irène, Marie volvió a su trabajo a los pocos meses de nacer Ève, la cual quedó a cargo de las nodrizas polacas y del abuelo Eugène. Siguió compartiendo su tiempo entre el trabajo en el laboratorio y las clases en Sèvres, donde contó entre sus compañeros a Paul Langevin.

Mientras los Curie recuperaban su ritmo de vida tras el premio y el nacimiento de Ève, Rutherford seguía desentrañando los misterios del átomo. En 1904 publicó su *Tratado de radiactividad*, que recogía todos los avances realizados en el campo desde que Becquerel descubriera los misteriosos rayos. Sin ser vanidoso pero sin falsa modestia, el antiguo jugador de rugby proseguía su extraordinaria carrera.

En junio de 1905 Pierre y Marie se encontraron lo suficientemente restablecidos como para realizar el viaje a Estocolmo y recoger el premio que les habían concedido dos años antes. Y en julio, tras haber realizado la preceptiva ronda de visitas para solicitar el voto, la candidatura de Pierre Curie a la Academia de Ciencias francesa fue por fin aceptada. Tras recibir el Nobel, los problemas económicos y de reconocimiento en las instituciones francesas parecieron desaparecer. Pero la salud de Pierre y Marie no terminaba de recuperarse; ambos se encontraban sin fuerzas, especialmente Pierre. Aun así, además de seguir con sus clases en la Sorbona, retomó el trabajo en el laboratorio. Es más, como miembro del sistema académico francés, tomó parte activa en las asociaciones que pretendían reformar tales instituciones desde dentro. Se pretendía poner coto al corporativismo que cerraba el paso a investigadores brillantes que no habían estudiado en una Grande École, como le sucedió a él mismo.

Pero un día lluvioso de primavera, a la salida de una reunión de una asociación de profesores progresistas de la Sorbona, todos los dolores, ilusiones y frustraciones de Pierre fueron arrollados por un carro que transportaba pertrechos militares. Una de sus ruedas le destrozó el cráneo en la calle Dauphine, cerca del Pont Neuf, el 19 de abril de 1906.

LA VIUDA

Poco después de la muerte de Pierre, Marie empezó a escribir un diario que no se hizo público hasta finales del siglo pasado, cuya primera entrada, escrita el 30 de abril de 1906, estaba dedicada a su marido. En este diario Marie desnudó su pena en una interminable carta que no estaba destinada a nadie del mundo de los vivos.

> «Querido Pierre, a quien nunca volveré a ver aquí, quiero hablarte en el silencio de este laboratorio, donde no pensaba que tendría que vivir sin ti.»
>
> — **Marie Curie, Diario 1906-1907.**

El desgarro que sufría por la ausencia de Pierre era tan grande como su decisión de no hacerlo público, y de hecho se guardó su pena para sí, teniendo estallidos de desesperación tan solo excepcionalmente. Uno de ellos se desató cuando Jacques, el hermano de Pierre, llegó de Montpellier para el entierro, y otro, en su habitación, a las pocas semanas de la muerte de Pierre, cuando Marie se decidió a abrir el paquete que tenía sus ropas ensangrentadas. Cogió la ropa, empezó a cortarla y se puso a besarla y a acariciarla hasta que Bronia se la quitó y la echó al fuego. Marie se derrumbó entonces llorando en brazos de su hermana. A partir de ese momento, se encerró en un mutismo inaccesible y pareció convertirse en una persona carente de sentimientos. La Marie cariñosa y vital pareció haberse ido a la tumba junto con la foto favorita de Pierre, la de la «pequeña estudiante» fotografiada en el balcón de los Dluski a poco de llegar a París, que Marie se encargó de meter en el ataúd.

Marie rechazó la pensión que le ofreció el Gobierno de la República —cuyo presidente había ido en persona a darle las condolencias por la muerte de Pierre—, alegando que era joven y podía mantenerse tanto a sí misma como a sus hijas. También rechazó las ceremonias grandilocuentes en memoria de Pierre que organizaron los que tantas veces le habían dado la espalda cuando estaba vivo. Rechazó «con repugnancia» las colectas que, con la mejor intención, pusieron en marcha los compañeros de Pierre. Rechazó la risa, rechazó la alegría. Rechazó a sus hijas, que le recordaban demasiado a su padre, y durante años fue incapaz de nombrarlo en su presencia.

El abuelo Eugène no solo tuvo que ocupar el papel del padre muerto, sino que además tuvo que dar a sus nietas la ternura que su madre, aparentemente transformada en una estatua de hielo, era incapaz de transmitir. Marie dejó la casa del bulevar Kellerman donde había vivido los últimos años con Pierre y se trasladó al pueblecito de Sceaux, donde vivía Pierre cuando lo conoció y donde podía acudir a visitar su tumba. Allí se instaló con el abuelo Eugène, las niñas y sus nodrizas polacas. Marie se encerró en el único sitio donde encontraba algo de sosiego: el laboratorio que había compartido con su marido. Se refugió de forma obsesiva en el trabajo, a pesar de lo doloroso que le resultaba no compartirlo con Pierre. Así, a las dos semanas de la muerte de Pierre, ya estaba contestando la correspondencia científica y, al mes, volvió a trabajar en el laboratorio y de nuevo surgieron en su cuaderno las ristras de números interminables que recogían los resultados de las medidas.

Lo único que Marie no rechazó fue la propuesta que, a instancias de varios compañeros de Pierre y colegas científicos, le hizo la Universidad de la Sorbona de ocupar la plaza de su marido. El 1 de mayo de 1906 fue nombrada profesora «encargada de curso» de la cátedra creada para Pierre, con un sueldo de 10 000 francos anuales y financiación adicional para seguir realizando sus trabajos de investigación. La prueba de fuego tuvo lugar el 5 de noviembre de 1906, cuando a la una y media comenzó su primera clase en un pequeño anfiteatro de la Sorbona. Estaba lleno a rebosar de un público variopinto que incluía desde damas de la alta sociedad tocadas con aparatosos sombreros hasta periodistas, pasando por curiosos, alumnas de Marie de la École Normale de Sèvres, profesores de la Sorbona, colegas y compañeros del laboratorio de Marie y Pierre, e incluso algunos alumnos. No hizo ninguna concesión a la emoción y no nombró a Pierre más que como un científico que había hecho contribuciones relevantes en el tema objeto de su clase. Cuando la clase terminó se fue tan silenciosamente como había entrado mientras en el anfiteatro atronaban los aplausos.

CAPÍTULO 4

La vida sin Pierre

Tras la muerte de Pierre, Marie prosiguió sus investigaciones, aunque su actividad científica se vio alterada en 1911 al sufrir un ataque brutal por parte de la recién nacida prensa amarilla, en lo que se denominó «el escándalo Langevin». También ese año logró el segundo premio Nobel, y cuando estalló la Primera Guerra Mundial defendió al país que había querido expulsarla tras el escándalo, recorriendo los frentes de guerra con equipos radiológicos.

La vida seguía y Marie no podía quedarse al margen. Tenía que ocuparse de las clases en la Sorbona y del laboratorio, donde no solo tenía que realizar experimentos, sino también dirigir al resto de sus miembros y buscar financiación para asegurar el futuro del mismo. Y, por supuesto, no podía olvidarse de las niñas. Marie hizo lo que pudo, que fue mucho más de lo que cabría esperar de una persona de extraordinaria decisión y energía. Pero tuvo que enfrentarse a situaciones extraordinariamente difíciles, por encima de las fuerzas de la mayor parte de la gente. Ella consiguió superarlas, pero se llevaron el tiempo, la energía y la salud que habría necesitado para responder a los retos que surgieron en la nueva ciencia que ella había alumbrado.

Poco después de la muerte de Pierre, en agosto de 1906, lord Kelvin, que a sus ochenta y dos años había tomado el barco para cruzar el canal y asistir al entierro de su amigo, hizo unas declaraciones en el periódico *The Times* poniendo en duda la existencia del radio. Ello ocasionó un terremoto en todos los laboratorios donde se estudiaba la radiactividad, pero sobre todo en el de Marie, que dedicó todas sus energías a obtener una muestra de radio ayudada por André Debierne. En 1910 obtuvieron un sólido blanco brillante mediante electrolisis de una mayor cantidad de $RaCl_2$, siguiendo un procedimiento similar al utilizado por Marckwald y posteriormente por Marie para obtener el polonio.

Tras finalizar este extenuante trabajo y habida cuenta de que Marie era el único científico francés vivo galardonado con el premio Nobel que no era miembro de la Academia de Ciencias, sus colegas le pidieron que presentara su candidatura. Sin embargo, no fue la única candidata al puesto vacante, ya que compitió con Édouard Branly (1844-1940), científico con méritos suficientes para aspirar al puesto.

Ambos científicos tenían puntos a favor y en contra. De este modo, entre los deméritos de Marie estaba que no era «completamente» francesa y que algunos académicos sospechaban que no había hecho contribuciones relevantes por sí misma, sino que en realidad había sido la sombra de su marido. Entre los deméritos de Branly, por su parte, estaba su «traición» a las instituciones públicas francesas, pues había dejado la Sorbona para ocupar una cátedra en el Institut Catholique de París, universidad de carácter privado. Branly representaba así la opción religiosa, y fue apoyado por la parte más conservadora de la Academia. A Marie la apoyaba el sector más progresista y dinámico, que pretendía renovar la vetusta institución, aunque el hecho de que una mujer sin marido se lanzara a reivindicar sus propios méritos molestaba tanto a conservadores como a progresistas.

La notoriedad que el Nobel y la muerte de Pierre habían dado a Marie hizo que la contienda trascendiera los círculos académicos y ocupara las primeras páginas de los periódicos. Y la misma prensa sensacionalista que poco antes se había extasiado con los logros científicos de la joven pareja que trabajaba en condiciones miserables y que había llorado con Marie la muerte de Pierre, fue bastante agresiva con la viuda que pretendía sacar los pies del plato. La elección tuvo lugar en enero de 1911 y Marie perdió por dos votos. Fue un mal comienzo para un año que habría de terminar de forma catastrófica.

Uno de los efectos más negativos del rechazo sufrido por Marie fue que a partir de entonces la investigadora limitó mucho su relación con otros miembros de la Academia. También dejó de publicar en su revista *Comptes Rendus de l'Académie des Sciences*, el foro en el que los científicos franceses presentaban sus trabajos, los cuales eran publicados de forma bastante ágil.

UN AÑO TURBULENTO

Entre los discípulos de Pierre en la Escuela de Física y Química Industriales, hubo uno particularmente brillante y con una marcada vocación científica, Paul Langevin. Paul ocupó el puesto de Pierre en el centro cuando este obtuvo la cátedra en la Sorbona, y fue compañero de Marie en la École Normale de Sèvres. La relación trascendía los límites profesionales, por lo que se extendió a la esposa de Langevin cuando este se casó, y luego a sus hijos, que formaron parte del selecto grupo de diez alumnos de la «cooperativa» que Marie organizó tras la muerte de Pierre para instruir a sus hijas y a los hijos de sus amigos y colegas científicos. Paul era algo más joven que Marie y cuidaba mucho su apariencia, siendo famoso por su impresionante bigote encerado.

En la primavera de 1910 Marie abandonó los trajes negros que llevaba desde la muerte de Pierre, se adornó con flores y pareció rejuvenecer. Aunque sus amigos se alegraron de que por fin hubiera abandonado el luto, al principio no sabían el motivo. Poco después ella misma lo explicó: su relación con Paul Langevin había trascendido los límites de la pura amistad. Al parecer, ese vuelco estuvo propiciado por la propia esposa de Langevin, que acudió a Marie para quejarse del áspero trato que recibía de su marido. Cuando Marie intentó reconvenirlo, Langevin estalló y le contó cómo en su última discusión, causada por motivos económicos, su esposa le había roto una botella en la cabeza. También le explicó que la vida en su casa era insoportable, con su mujer y su suegra insultándolo y pidiéndole dinero constantemente.

Aunque ambos eran de origen modesto, la mujer de Paul no compartía su amor por la ciencia, ni entendía por qué su marido rechazaba trabajos muy bien pagados en la industria para seguir dando clase en la Sorbona y en la École Normale de Sèvres, y luego seguir trabajando horas interminables en el laboratorio, recibiendo por todo ello un sueldo miserable. Marie se quedó anonadada, como antes se había quedado Marguerite Borel, la esposa del matemático Émile Borel que formaba parte del círculo íntimo de ambos y a quien también se lo había contado. Tras un alter-

PAUL LANGEVIN, AUSENTE DE LA GALERÍA DEL NOBEL

Paul Langevin (a la derecha) y Albert Einstein (en el centro) en un acto a favor de la paz celebrado en Berlín en 1923.

Paul Langevin (1872-1946) nació en París en el seno de una familia humilde. Pierre Curie fue su profesor en la Escuela de Física y Química Industriales y la persona que habría de tener una mayor influencia en su carrera. Sus otros mentores, Henri Poincaré y Marcel Brioullin, lo definirían como un gran físico teórico particularmente dotado para las matemáticas, que además hizo desarrollos notables en física experimental. Es conocido fundamentalmente por su teoría sobre el diamagnetismo y el paramagnetismo, fenómenos que Pierre Curie había estudiado de modo experimental. Langevin desarrolló su teoría teniendo en cuenta la electrodinámica del movimiento de los electrones, la orientación de sus momentos magnéticos y su movimiento térmico aleatorio. Explicó que el diamagnetismo —la imantación débil en sentido inverso al campo magnético— se debe a efectos de inducción en los circuitos elementales de los electrones en los átomos, mientras que el paramagnetismo —imantación débil a favor del campo magnético— se debe a la orientación de los momentos de espín de los electrones, compensados total o parcialmente por la agitación térmica. Langevin también desarrolló una aplicación de otro de los fenómenos estudiados por Pierre, la piezoelectricidad, para la detección de señales acústicas submarinas, lo que se conoce como sónar. Fue un difusor entusiasta de la teoría de la relatividad y propuso una relación de equivalencia masa-energía similar a la de Einstein, $E=mc^2$, unos meses antes de que este la publicara en 1906. También fue uno de los principales difusores de la teoría cuántica de Planck desde su cátedra en la Sorbona, donde eran famosas sus clases por saber transmitir de forma comprensible y precisa los conceptos más complejos. Nunca rehuyó el compromiso público, y así no dudó en firmar cuando tenía poco más de veinte años el manifiesto de apoyo a Alfred Dreyfus y fue encarcelado por los alemanes cuando tenía casi setenta, por su oposición a la ocupación nazi. Su nieto Michel se casaría con una nieta de Marie Curie, Hélene Joliot-Curie.

cado particularmente grave, en el que al parecer no solo había sido agredido por su esposa, sino también por su suegra, Paul alquiló un apartamento cerca del laboratorio, donde Marie comenzó a visitarlo y a hacer planes de una vida en común.

La esposa de Paul, que no contaba con las armas intelectuales de Marie, no se quedó con los brazos cruzados: hizo seguir a su marido, forzar la entrada de su apartamento y robar unas cartas que Marie le había enviado. Este fue el comienzo de una serie de chantajes a Paul y amenazas de muerte a Marie. A petición de Langevin, su amigo el futuro premio Nobel de Física Jean Perrin hizo varias visitas a su mujer para intentar calmarla y propiciar una solución amistosa. Más que por él mismo, Langevin estaba preocupado por las amenazas a Marie, ya que creía que su esposa era capaz de materializarlas. En ese clima de violencia y amenazas, Paul y Marie pasaron el verano de 1911 separados: Paul en Inglaterra, con sus hijos mayores, y Marie y sus hijas en Polonia, donde ella había ido para recuperarse, pues se encontraba enferma.

Nadie del círculo íntimo de Marie y Paul podía imaginar que las trifulcas familiares de Paul culminarían de la forma más cruenta posible para Marie, con la publicación en la prensa de extractos más o menos tergiversados de sus cartas. Así, por ejemplo, en el periódico del 4 de noviembre de 1911 se podía leer que «el fuego del radio que arde tan misteriosamente ha encendido una llama en el corazón de un científico, y su esposa e hijos están ahora llorando...». Según la prensa, lloraban porque el «Chopin de la Polonesa», como denominaban a Langevin, había huido con su amante al extranjero. Efectivamente, ambos estaban en el extranjero y en la misma ciudad, pero ni habían ido, ni estaban juntos. Ambos asistían al congreso Solvay celebrado en Bruselas, que reunió a la más brillante constelación de científicos de todas las épocas, entre los que se contaban Einstein, Planck, Wien, Poincaré, Rutherford y De Broglie, entre otros.

Cuando Marie volvió a París le esperaba lo peor. Espoleada de la forma más rastrera por la prensa sensacionalista, una muchedumbre enfurecida rodeaba su casa. Tiraban piedras a las ventanas, llegando a romper algunos cristales, mientras a ella la llamaban ramera y le decían a gritos que volviera a su país. Los insultos se sucedían: judía, ladrona de maridos, extranjera, *dreyfusard*... Los ecos del affaire Dreyfus, en el que un oficial de origen judío-alsaciano del ejército francés había sido acusado falsamente de traición, no se habían apagado. La clase francesa más reaccionaria no había digerido su derrota y se vengó en Marie.

La integridad física de Marie y sus hijas peligraba, por lo que tuvieron que refugiarse en casa de los Borel, que vivían en un edificio anejo a la École Normale, de la cual Émile Borel acababa de ser nombrado director. Hasta allí no llegó el rugido de la muchedumbre, pero sí el del ministro de Instrucción Pública, que le pidió a Borel que no diera asilo a esa mujer, que la convenciera de que lo mejor que podía hacer era volver a su país, amenazándolo con destituirlo si no lo hacía. Según algunas versiones, Borel se negó tajantemente; según otras, Marguerite, su esposa, le dijo que si se iba Marie, también se iría ella.

Entre los apoyos más fervientes que recibió Marie en esos días hay que destacar el de su cuñado Jacques Curie, que nada más enterarse del escándalo le escribió una carta dándole todo su apoyo y mostrando su indignación por el ataque del que estaba siendo objeto. No contento con eso, escribió a los periódicos que tan cruelmente habían atacado a la investigadora, dando fe de la absoluta devoción de Marie por su hermano, del cariño de su padre y de la felicidad de ambos mientras vivieron con ella. El apoyo de Jacques era incondicional; no dependía de la veracidad de las cartas publicadas por la prensa.

Las acusaciones de los diarios siguieron subiendo de tono y Gustave Téry, editor de un periódico sensacionalista, xenófobo y antisemita, llegó a insinuar que la muerte de Pierre podía no haber sido un accidente. Según Téry pudo haber sido un suicidio al tener conocimiento Pierre de una relación que habría empezado antes de su muerte. O incluso algo peor. Langevin se vio obligado a retarlo a duelo. Este terminó sin heridos, pues Téry finalmente no disparó para «no privar a unos hijos de su padre y a Francia de un cerebro precioso», como explicó él mismo en su periódico al día siguiente.

FOTO SUPERIOR IZQUIERDA:
Marie en una fotografía realizada tras la muerte de Pierre.

FOTO SUPERIOR DERECHA:
Paul Langevin y Marie junto a un grupo de alumnas y colaboradoras en una fotografía tomada en 1910.

FOTO INFERIOR:
Marie y el selecto grupo de científicos que asistieron al congreso Solvay de 1911 (Einstein, por ejemplo, es el segundo de la derecha).

Por otro lado, la intervención de los amigos y compañeros de Marie hizo cambiar de opinión al ministro, pero entonces se abrió un nuevo frente. El 8 de noviembre de 1911, en el punto álgido del escándalo Langevin, Marie recibió un telegrama de Estocolmo comunicándole que le habían concedido el premio Nobel de Química. Ella dudaba de la conveniencia de ir a recogerlo, dadas las circunstancias por las que estaba atravesando, pero Svante Arrhenius, miembro de la Academia sueca y premio Nobel de Química en 1903, intentó animarla para que acudiera a recibir el galardón. Le dijo que nada de lo que se hubiera publicado en la prensa francesa iba a tener eco en el acto de entrega. No obstante, el 1 de diciembre le escribió una nueva carta diciéndole que la evolución de los acontecimientos le había hecho cambiar de opinión y que lo más conveniente era que Marie se abstuviera de viajar a Estocolmo hasta que no se demostrara la falsedad de los documentos publicados. De nuevo el académico Gösta Mittag-Leffler, que ya había tenido un papel determinante en la concesión del primer premio Nobel a Marie, le escribió diciéndole que si se ausentaba daría pábulo a las habladurías. Entonces Marie, sin vacilaciones ya, contestó a Arrhenius el 5 de diciembre:

> La postura que me recomienda me parece un error grave por mi parte. En efecto, el premio me ha sido concedido por el descubrimiento del radio y del polonio. Opino que no hay ninguna relación entre mi trabajo científico y los hechos de mi vida privada que se pretenden invocar contra mí en las publicaciones de baja estofa, que están por otro lado completamente desnaturalizadas. Por principio no puedo aceptar que la apreciación del mérito de un trabajo científico pueda verse influenciada por las difamaciones y calumnias en relación con la vida privada. Estoy convencida de que esta opinión será compartida por muchas personas. Siento mucho que usted no piense lo mismo.

El 11 de diciembre Marie, acompañada de su hija Irène, que entonces tenía catorce años, fue a Estocolmo a recoger el premio, y al día siguiente impartió la conferencia de recepción. En ella homenajeó a Pierre, pero puso de manifiesto sus propias contribuciones al descubrimiento y aislamiento de los dos elementos por los cuales le habían concedido el premio. Hizo una mención muy especial a los trabajos de Rutherford, y reconoció la brillantez de la teoría de la desintegración atómica que aquel formuló junto con Soddy.

De forma premonitoria dijo que con la radiactividad había surgido una nueva química que no estaba basada en el uso de la balanza, sino en el del electrómetro. Hasta entonces, la propiedad característica que identificaba un elemento químico había sido su peso atómico, de ahí los largos años de trabajo que dedicó Marie a determinar el peso atómico del radio. El modelo del átomo nuclear que acababa de proponer Rutherford, y el descubrimiento subsiguiente de los «isótopos», demostraría lo incorrecto de esa definición. Los químicos seguirían usando balanzas, pero el peso atómico, que pasó a denominarse masa atómica, ya solo sería una propiedad más de los elementos químicos, no la que los identificaba de forma inequívoca.

Cuando volvió a Francia, Marie se hundió. A pesar de sufrir una profunda depresión intentó seguir trabajando, pero tuvo una grave infección de riñón y otras complicaciones que la mantuvieron alejada del laboratorio durante un año. Parte de este tiempo estuvo ingresada en hospitales; otra parte estuvo desaparecida, escondida en Inglaterra con su nombre de soltera, en casa de su amiga Hertha Ayrton, viuda reciente de un profesor de Física, y física ella misma. Los Curie habían conocido a los Ayrton durante el viaje a Inglaterra que realizaron en 1903, poco antes de la lectura de la tesis de Marie, y desde entonces habían cultivado una amistad que en esta época extraordinariamente difícil resultó preciosa para Marie.

La relación con Langevin continuó hasta la muerte de Marie, pero no como ella había imaginado. Mantuvieron tanto la colaboración científica como la amistad, pero la pasión que había devuelto la sonrisa a Marie murió en el duelo entre Téry y Paul. Al parecer, Langevin se reconcilió con su esposa algún tiempo después, lo que finalmente no le impidió desarrollar una carrera científica brillantísima, la cual, curiosamente, nunca fue premiada con el Nobel. En Inglaterra, Marie encontraría finalmente la paz y renacería una vez más de sus cenizas.

RUTHERFORD Y EL DESCUBRIMIENTO DEL NÚCLEO ATÓMICO

¿Qué había sido mientras tanto del que en su juventud era un buen jugador de rugby y más tarde intuyó antes que nadie que el átomo podía desintegrarse? Ernest Rutherford terminó su «exilio» americano en enero de 1907, poco después de la muerte de Pierre.

EL EXPERIMENTO DE GEIGER Y MARSDEN

A instancias de Rutherford, Hans Geiger y Ernest Marsden realizaron en 1909 un experimento en el cual bombardearon una finísima lámina de oro de una micra de espesor (1 milésima de mm, lo que en joyería se llama «pan de oro») con partículas α procedentes de una fuente radiactiva. Los científicos observaron que la mayor parte de las partículas atravesaban la lámina sin sufrir apenas desviaciones; unas cuantas sufrían pequeñísimas desviaciones (más del 99% se desviaban ángulos inferiores a 3°), y, sorprendentemente, una de cada 10 000 era dispersada con un ángulo superior a 90° (es decir, «rebotaba»). Esta última observación era totalmente inexplicable con el modelo atómico de Thompson. A partir de estos resultados, Rutherford propuso su modelo planetario del átomo, en el cual el átomo estaba prácticamente «vacío», siendo esa la causa de que la mayor parte de las partículas α no desviaran su

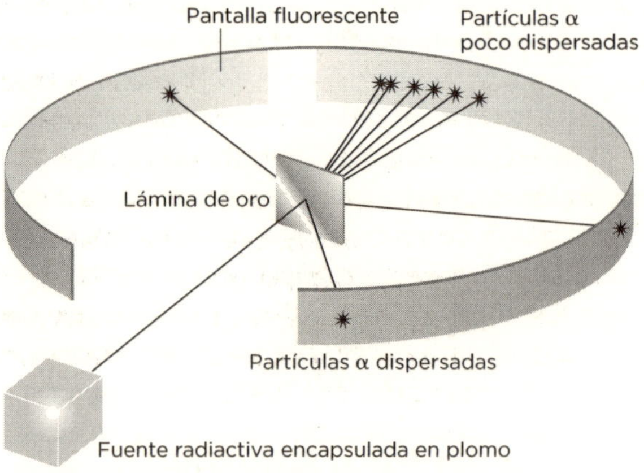

Esquema del dispositivo experimental de Geiger y Marsden.

Aunque había recibido generosas ofertas de prestigiosas universidades americanas, como Yale y Stanford, él quería volver a la vieja Europa, que todavía era el centro del mundo en ciencia. La oportunidad se presentó cuando la Universidad de Manchester le ofreció la cátedra de Física; según se decía, Manchester tenía el mejor departamento de Física de Gran Bretaña, después del Cavendish de Cambridge, por supuesto.

trayectoria al atravesar la lámina de oro. Rebotaban las que se encontraban en su camino en una zona muy densa de carga positiva, que Rutherford definió como el «núcleo» atómico. En el núcleo se concentraba casi toda la masa del átomo y su radio era 10 000 veces menor que el de todo el átomo. En la corteza del átomo, los electrones —partículas de carga negativa con una masa miles de veces menor que la del núcleo— orbitaban en torno a él, como los planetas alrededor del sol. Este modelo planteaba un nuevo problema, porque, según la física clásica, los electrones deberían perder energía en su trayectoria circular, por lo que al tener carga opuesta y ser atraídos por el núcleo deberían terminar por caer en él. Este problema lo solucionaría poco después otro alumno de Rutherford, Niels Bohr.

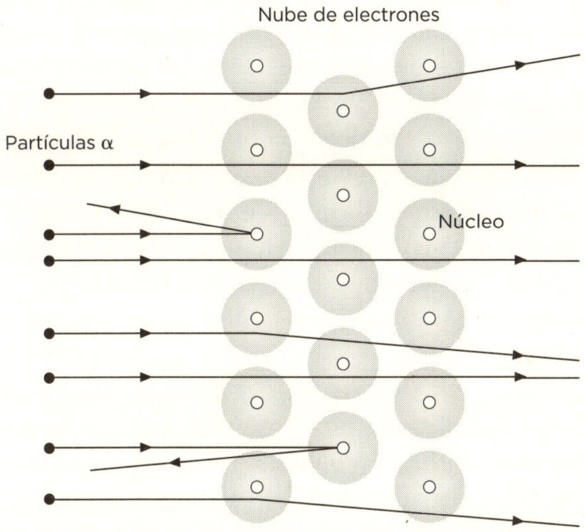

Trayectorias de las partículas α en el modelo planetario de Rutherford.

Un año después de llegar a Manchester, Rutherford recibió el premio Nobel, junto con Soddy, por el descubrimiento de los procesos de desintegración radiactiva. Esta concesión, más que alegrarlo, consiguió enervarlo, pues se lo concedieron en la categoría de Química, y él solía decir que la ciencia o era física o era coleccionismo de sellos. Muchos años después le gustaba seguir burlándose de la preferencia de muchos químicos por la experimentación frente al pensamiento abstracto, al parecer terreno exclusivo de los físicos. Así, en una charla informal que impartió hacia 1930 en el Alembic Club de los estudiantes de Química de la Universidad de Oxford, dijo: «Si ustedes los químicos trabajaran menos y pensaran más, ¡qué avances tan portentosos podríamos ver en su ciencia en los próximos años!».

El premio Nobel no representó para Rutherford ninguna meta, si acaso fue todo lo contrario, el pistoletazo de salida para que su creatividad realizara la carrera más deslumbrante. Una vez instalado en Manchester, con la ayuda del más brillante grupo de discípulos que un profesor haya tenido jamás, transformaron para siempre nuestra percepción de la materia.

A comienzos del siglo XIX John Dalton —que también había trabajado en Manchester, donde fue profesor de Matemáticas y de la entonces llamada «Filosofía de la Naturaleza»— retomó el concepto de átomo propuesto por Demócrito en el siglo V antes de nuestra era, y lo definió como la parte más pequeña de materia que conservaba sus propiedades. En su modelo, los átomos eran esferas sólidas, rígidas e indivisibles. Los descubrimientos de finales del siglo XIX de la naturaleza eléctrica de la materia pusieron de manifiesto la existencia de partículas subatómicas portadoras de carga. Tras identificar la relación carga/masa de los electrones, J.J. Thomson propuso su modelo de pastel de pasas, en el cual casi toda la masa y toda la carga positiva del átomo estaban distribuidas de forma uniforme, mientras que las cargas negativas estaban embebidas en dicha masa, como las pasas en el pastel. Este era el modelo en vigor cuando Rutherford puso de manifiesto la naturaleza de las desintegraciones radiactivas. Las partículas α usadas diestramente como proyectiles por sus discípulos Geiger y Marsden habrían de demostrar lo erróneo del mismo. Como contaba Rutherford en una conferencia que dio en Cambridge muchos años después, en 1936:

> No creía que las partículas α pudieran ser dispersadas a ángulos altos, porque sabíamos que eran pesadas y tenían mucha energía. [...] Recuerdo que dos o tres días después Geiger llegó muy excitado diciendo «hemos detectado algunas partículas α retrodispersadas». Era el hecho más increíble que me había ocurrido en la vida. Tan increíble como si al disparar una bala de cañón de 15 pulgadas contra una hoja de papel, la bala rebotara. Me di cuenta de que esta retrodispersión debía ser el resultado de una colisión única, y cuando hice los cálculos vi que era imposible tener algo de este orden de magnitud a menos que tuviera un sistema en el cual la mayor parte de la masa del átomo estuviera concentrada en un núcleo minúsculo. Fue entonces cuando tuve la idea de un átomo con un centro masivo, diminuto y portador de carga.

La distribución de carga y masa del átomo que imaginó Rutherford en 1911 es muy parecida a la que conocemos hoy. El átomo está prácticamente vacío, y en él la carga positiva y la mayor parte de la masa se concentran en un núcleo diminuto que ocupa su centro, mientras que los electrones orbitan a su alrededor formando una especie de nube. Este núcleo tendría el tamaño de una perla si el átomo completo, cuyo tamaño viene definido por las nubes electrónicas, tuviera el tamaño de un estadio de fútbol. Todas las reacciones químicas no son más que modificaciones de la distribución de los electrones más alejados del núcleo, algo así como los movimientos de los espectadores de las gradas altas del estadio. Pero como sucede en un partido en el cual todo el público está pendiente de lo que sucede en el centro del campo por muy arriba que esté su asiento, en el átomo, los más pequeños vaivenes de los electrones de la corteza vienen determinados por su interacción con la carga positiva del núcleo.

Las inconsistencias del modelo atómico planetario de Rutherford, en el cual los electrones orbitaban alrededor del núcleo como los planetas giran alrededor del Sol, fueron solucionadas por uno de sus discípulos, Niels Bohr. Este físico danés, adop-

EL CONTADOR GEIGER

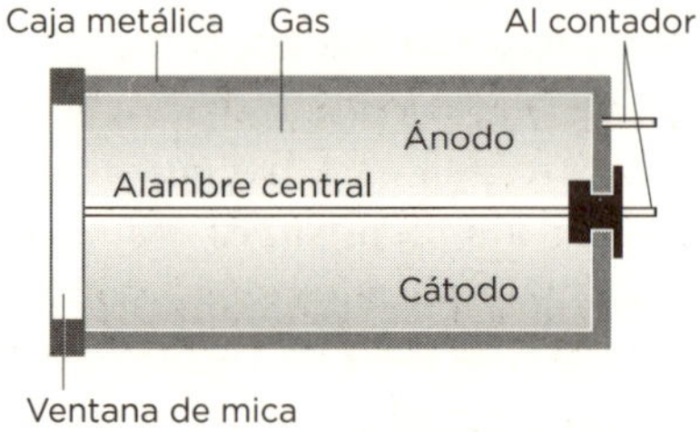

Esquema de un contador Geiger.

Cuando se piensa en entornos contaminados por radiactividad, es muy probable pensar también en un ruido especial, una especie de tableteo. Es la señal acústica que lleva asociada el contador Geiger cuando detecta las partículas α o β producidas en las reacciones nucleares. Este contador es el dispositivo que usó Marie Curie cuando su hija Irène le llevó el aluminio radiactivo, primer producto de la radiactividad artificial. El aparato original fue diseñado por Rutherford y Geiger, uno de sus colaboradores en Manchester, en 1908. Rutherford usaba las partículas α como proyectiles para identificar la naturaleza de los procesos radiactivos. Para cuantificarlas, alguien tenía que contar el número de destellos que las partículas α producían en una pantalla fluorescente de sulfuro de cinc. El mejor en esa tarea era Hans Geiger, que podía contarlas durante horas sin cometer ni un solo error. El físico alemán ideó entonces un dispositivo que lo librara de esa tediosa tarea y así surgió el primer prototipo del contador Geiger, que luego perfeccionaría con su discípulo Müller. El aparato consta de un tubo de metal, que funciona como cátodo, relleno con un gas inerte, como el argón; dentro tiene un alambre que funciona como ánodo. El tubo debe tener una ventana formada por una lámina muy fina que permita el paso de la radiación, pero que impida que se salga el gas, que suele ser de mica o PET. Cuando la radiación ionizante (partículas α o β) incide sobre un átomo de argón, le arranca un electrón que por su carga negativa es atraído por el ánodo, mientras que el catión Ar^+ producido es atraído por el cátodo. Como consecuencia del proceso se genera una pequeña corriente en el contador, proporcional a la intensidad de la radiación. La corriente producida por la radiación que causa la ionización de un gas es el mismo proceso que medía Marie con su balanza de cuarzo, pero la forma de cuantificarlo es mucho más simple.

tando la hipótesis cuántica de Planck, postuló en 1913 que los electrones eran estables en sus órbitas y no emitían energía, en contra de lo predicho por la física clásica para una partícula cargada en movimiento circular. Los postulados de Bohr no solo hacían viable el modelo planetario de Rutherford, sino que explicaban otros muchos resultados previos, especialmente los espectros atómicos. Los trabajos de Schrödinger y Heisenberg a finales de la década de 1920 terminaron de dibujar el modelo cuántico del átomo. Junto a este importante desarrollo teórico, en el laboratorio de Manchester tuvo lugar un desarrollo experimental aparentemente menor pero que resultó de gran trascendencia: Geiger diseñó un dispositivo que permitía contar las partículas α una a una. Su contador se convirtió en la herramienta imprescindible en todos los laboratorios en los que se estudiaba y se estudia la radiactividad.

Paralelamente se desentrañó otro de los misterios de la radiactividad. En el estudio de los elementos producidos en las series de desintegración radiactivas, Soddy había observado en 1910 que las especies que él denominó «mesotorio» y «torio-X», así como el radio, eran imposibles de separar, por lo que empezó a pensar en la posibilidad de que más de una especie ocupara el mismo lugar en la tabla periódica. En 1913 se confirmó su intuición cuando el alemán Kazimierz Fajans —que también había trabajado en Manchester con Rutherford— llegó a las mismas conclusiones. Las denominadas «leyes de Soddy-Fajans de desintegración radiactiva» establecían que cuando un elemento emitía una partícula α se desplazaba dos posiciones a la izquierda en la tabla periódica, y cuando emitía una partícula β se desplazaba una posición a la derecha.

Soddy comprobó que si un elemento emitía una partícula α y a continuación dos β, no se obtenía el elemento de partida, sino otra sustancia con sus mismas propiedades químicas, pero con diferente tiempo de semidesintegración. Discutiendo esta aparente incongruencia en una cena familiar, la doctora escocesa Margaret Todd propuso a Soddy el término «isótopo» para nombrar a las sustancias que compartían sitio en la tabla periódica. El primer indicio de la existencia de isótopos lo proporcionó J.J. Thomson al encontrar dos líneas atribuibles al neón en los rayos canales (los anódicos o positivos).

La prueba definitiva la proporcionó su discípulo Francis William Aston tras volver del frente una vez finalizada la Primera Gue-

LEYES DE SODDY-FAJANS DE DESINTEGRACIÓN RADIACTIVA

Estas tres leyes fueron propuestas por Frederick Soddy y Kazimierz Fajans de manera independiente en 1913.

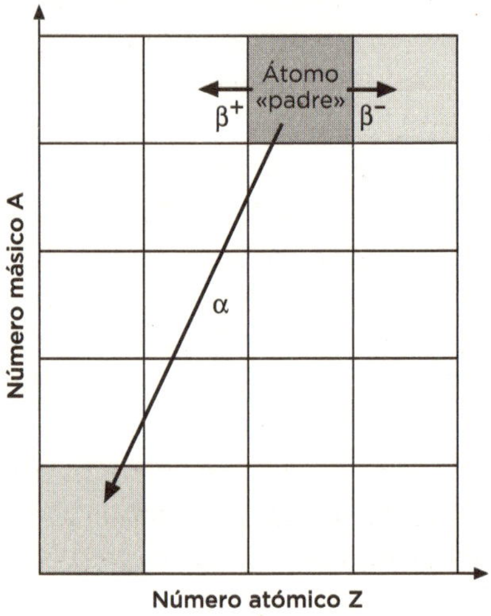

1. Cuando un átomo radiactivo emite una partícula α, el número másico del átomo resultante (A) disminuye en 4 unidades, y el número atómico (Z), en 2. Por ejemplo,

$$^{238}_{92}U \rightarrow ^{234}_{90}Th + \alpha.$$

2. Cuando un átomo radiactivo emite una partícula β, el número atómico Z aumenta (β⁻) o disminuye (β⁺) en una unidad, y el número másico A se mantiene constante. Por ejemplo,

$$^{212}_{82}Pb \rightarrow ^{212}_{83}Bi + \beta^-.$$

3. Cuando un núcleo excitado emite radiación electromagnética (γ), no varían ni A ni Z, solo pierde energía.

Hoy en día se sabe que la partícula α es el núcleo del átomo de helio (por lo tanto, su símbolo es $^{4}_{2}He$), mientras que las partículas β^- y $\beta+$ son electrones y positrones respectivamente.

rra Mundial. Empleando la espectroscopia de masas que había descubierto Thomson, Aston separó dos especies del gas neón de masa 20 y 22 y propuso su «regla del número entero», según la cual los elementos cuyo peso atómico no era entero tenían varios isótopos en proporciones no despreciables. Ese resultó ser el caso del neón, cuyo peso atómico 20,2 era el promedio del peso atómico del neón-20, cuya abundancia relativa es 90,5 %, y del neón-22, cuya abundancia es 9,5%. Un caso similar es el del cloro, cuyo peso atómico 35,45 es el correspondiente al promedio del peso del isótopo cloro-35 (76%) y cloro-37 (24%). Aston obtuvo por sus investigaciones el premio Nobel de Química en 1922. El peso atómico dejó de ser la propiedad característica de un elemento químico, confirmando el nacimiento de la «química de lo imponderable» a la que se refirió Marie.

Henry Moseley, otro colaborador de Rutherford en Manchester, encontró la propiedad característica de cada elemento. Midió los espectros de emisión de rayos X de todos los elementos conocidos entonces, y encontró que la raíz cuadrada de la frecuencia de los rayos X emitidos era proporcional a una cantidad única para cada elemento. Moseley identificó esa cantidad como la carga del núcleo central positivo y la llamó Z, lo que hoy se conoce como número atómico. Publicó sus resultados en dos artículos que envió poco antes de partir al frente y que aparecieron en 1913 y 1914. Nunca sabría que justo el año en que murió en la guerra, 1915, había sido uno de los candidatos más jóvenes al Nobel.

Moseley observó que Z aumentaba en el mismo orden que el peso atómico, excepto en el caso de los elementos cobalto, níquel, yodo y teluro. ¿A qué podían deberse esas excepciones? Obviamente a la existencia de isótopos más pesados en los elementos de menor número atómico. Pero ¿por qué existían los isótopos? Porque en el núcleo había otra partícula además de protones, que había escapado a toda detección al no tener carga: el neutrón. Rutherford ya anticipó su existencia en 1920, pero hasta 1932 no la confirmó experimentalmente otro de sus alumnos, James Chadwick. Lo hizo repitiendo un experimento llevado a cabo en el Instituto del Radio por Irène Curie y su esposo Frédéric Joliot-Curie. Consistía en bombardear una lámina de berilio con partículas α, lo que provocó una emisión de unos rayos que ellos interpretaron como γ de alta energía, los cuales producían protones a su paso por una parafina. Rutherford no dio crédito a estos resultados; Chadwick sí, pero no a su interpretación. Sabiendo lo que tenía que buscar y usando el detector apropiado encontró el neutrón, obteniendo por ello el premio Nobel de Física en 1935. Con su descubrimiento, Chadwick terminó de completar el rompecabezas de la estructura del átomo.

EL LEGADO DE MOSELEY

Tras conocer los fenómenos de difracción que habían puesto de manifiesto Von Laue y Bragg, Henry Moseley (1887-1915) fue al laboratorio de este último en la Universidad de Leeds, porque quería saber más sobre la interacción de los rayos X con la materia. Tras familiarizarse con la producción de rayos X, investigó la energía de los rayos emitidos empleando como ánodos los 73 elementos químicos conocidos hasta entonces. Encontró una relación lineal entre la longitud de onda de los rayos emitidos por cada elemento y una magnitud característica que Moseley identificó como la carga nuclear. A partir de sus valores realizó una nueva ordenación de los elementos en la tabla periódica, corrigiendo la que había hecho Mendeléyev a partir de los valores del peso atómico y prediciendo la existencia de otros aún por descubrir. El proceso que tenía lugar en los experimentos que realizó Moseley se resume en la figura adjunta, que muestra un esquema del átomo según el modelo de Bohr, basado a su vez en el de Rutherford: un fotón incidente (línea ondulada superior) arranca un electrón (línea ondulada derecha) de las capas internas de la corteza electrónica. El hueco es rellenado por un electrón de las capas superiores que emite a su vez otro fotón con la diferencia de energía (línea ondulada izquierda) entre los dos niveles implicados. Cada elemento químico emite un fotón con una energía caracte-

EL INSTITUTO CURIE

El trabajo de Marie había atraído la atención de patrocinadores generosos, particularmente los millonarios norteamericanos Carnegie y Rothschild, que tuvieron conocimiento de sus investigaciones cuando murió Pierre. Con sus aportaciones se estableció un programa de becas para trabajar en el laboratorio de Marie, si bien estos programas no recibían ningún apoyo por parte de las instituciones francesas.

Por otro lado, tras la muerte de Pierre, había surgido la idea de crear un laboratorio bien dotado para estudiar la radiactividad, que además sirviera para preservar su memoria. La idea se materializó cuando a finales de 1909 el doctor Émile Raoux, director del Instituto Pasteur y ferviente admirador de Marie, propuso crear el Instituto del Radio. Cuando este organismo privado lanzó la iniciativa, la Universidad de la Sorbona se unió a ella proporcio-

rística, proporcional al número de protones del núcleo. La energía de los fotones da lugar a las líneas de fluorescencia de rayos X que sirvieron a Moseley para definir el número atómico, Z. Este proceso es la base de uno de los métodos de análisis químico no destructivo más sensible, la fluorescencia de rayos X. Moseley realizó la primera parte de su investigación en los laboratorios de Rutherford, en Manchester, y la última en el laboratorio Clarendon de Oxford, donde no tenía ni conexión a la red eléctrica, costeándoselo todo él mismo. Oficialmente, dejó Manchester para volver con su madre a Oxford, pero sobre todo quería salir de la sombra del Profesor y de la pléyade de sus brillantísimos alumnos, que podían ensombrecer su propio trabajo.

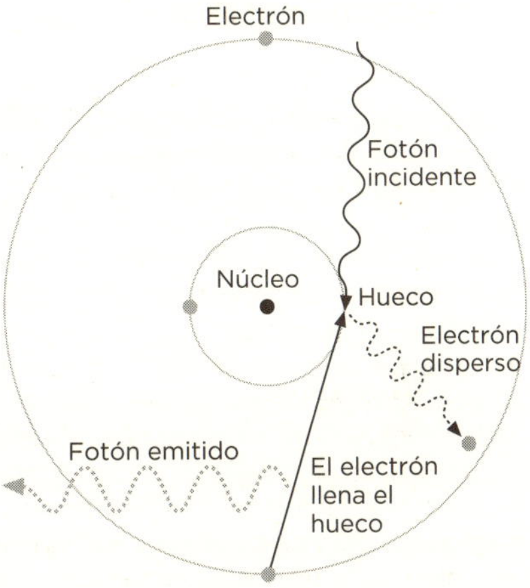

nando los terrenos y parte de la financiación para la construcción del edificio. Constaría de dos pabellones, uno dedicado a realizar estudios biológicos y de tratamientos del cáncer, que se llamaría Pabellón Pasteur, y otro dedicado a la investigación de los aspectos físicos y químicos de la radiactividad, que se llamaría Pabellón Curie.

Tras su vuelta a París a finales de 1912, una vez decidida a olvidar el escándalo Langevin, Marie se dedicó a supervisar las obras y la instrumentación del Pabellón Curie. La construcción finalizó en julio de 1914, siendo Marie nombrada directora del Pabellón Curie, y el doctor Claudius Regaud, director del Pabellón Pasteur. Marie se encargó personalmente de diseñar y plantar los árboles y los rosales del jardín que unía los dos edificios, pues quería no solo un laboratorio bien dotado, sino un sitio hermoso donde trabajar. Parecía que el sueño de Marie se había cumplido, pero una vez más sus planes se torcieron. En Europa soplaban vientos de guerra y el 1 de agosto Francia anunció la movilización. Todos los hombres del laboratorio se fueron a defender a su país. El 2 de septiembre cayeron tres bombas en París y Marie decidió que ella no podía quedarse al margen.

Como el ejército alemán se aproximaba a París, Marie se ocupó de poner a salvo el preciado radio: lo colocó en una pesada caja de plomo y lo llevó en tren a Burdeos. Tras depositar su tesoro en la caja fuerte de un banco, Marie volvió a París, siendo la única mujer en un tren atestado de soldados. Ningún civil hacía ya el viaje en ese sentido, pero ella sentía que su sitio estaba en la capital.

«Estoy decidida a poner todas mis fuerzas al servicio de mi país de adopción, ya que ahora no puedo hacer nada por mi desafortunado país natal.»

— Carta de Marie a Paul Langevin, enero de 1915.

LAS «PETITES CURIES»

Pronto encontró Marie la mejor forma de servir a Francia. Por sus clases en la Sorbona estaba familiarizada con la producción de los rayos X y también con su uso en medicina, formación que completó su amigo el doctor Antoine Béclère con un curso práctico de manejo de aparatos radiológicos en los servicios hospitalarios. Por este médico supo de la carencia de sistemas radiológicos en el frente, lugar donde eran particularmente útiles para curar huesos fracturados y localizar balas y piezas de metralla en los cuerpos de los soldados heridos. Marie decidió intervenir. El hecho de no contar con instrumentación, personal especializado, fondos y, sobre todo, interés por parte de los médicos militares, no la arredró.

De entrada decidió que era necesario instalar equipos fijos en los hospitales de campaña y formar personal para que los manejara. Pero pronto vio que la ayuda en la retaguardia llegaba demasiado tarde para muchos soldados, por lo que decidió que era imprescindible contar con equipos móviles que recorrieran los frentes. Ahí se encontró con la oposición frontal del ejército: era demasiado peligroso que personal civil recorriera los campos de batalla, y además era un engorro que podía entorpecer las maniobras militares. Pero Marie fue inflexible: sería criminal dejar que los soldados murieran o quedaran incapacitados por no prestarles un servicio que ella podía ofrecer. Removió cielo y tierra, tanto en el Gobierno como entre las altas jerarquías militares, y su presencia en los frentes fue finalmente autorizada. Entonces requirió la ayuda de fabricantes de automóviles, de empresarios y de personas adineradas con automóvil propio para que los donaran al recién creado servicio de radiología. Para no depender de chóferes y mecánicos, ella misma aprendió a conducir y a arreglar las averías más frecuentes. Para equipar las unidades móviles empleó las fuentes de rayos X fabricadas en España por un industrial de Ciudad Real formado en Estados Unidos durante el *boom* de la electricidad, Mónico Sánchez. Las primeras unidades móviles estaban dispuestas a finales de octubre de 1914.

Marie contó con una colaboradora de excepción. Su hija Irène, que entonces solo tenía diecisiete años, se negó a estar en un pueblo de la costa con los «niños». Quería ser útil, pero sobre todo no soportaba estar lejos de su madre. Si Marie contó con el amor incondicional de mucha gente, no hay duda de que dos de las personas que la quisieron más apasionadamente fueron sus hijas. Marie e Irène realizaron cursos de enfermería, anatomía y radiología que las habilitaron para trabajar en los servicios de radiología de los hospitales militares. Ambas realizaron su primer viaje el 1 de noviembre a bordo de las unidades móviles que pronto fueron bautizadas como *petites Curies*. Aunque al principio no resultó fácil que los médicos militares se dejaran aconsejar por personal civil, que además eran mujeres que carecían de formación médica oficial, una vez superadas las reticencias iniciales, las ventajas de las radiografías fueron tan evidentes que su uso acabó por imponerse. Furnes, Joinville, Poperinge, Amiens, Reims, Verdún... Ningún frente les fue ajeno. Marie sintió el inmenso dolor de ver miles de vidas segadas en plena juventud, pero tuvo la alegría de salvar muchas otras. Aunque le horrorizaba la guerra, para ella no todos los ejércitos eran iguales. Haber pasado la infancia y la juventud en un país sojuzgado la convencieron de que no se podía obtener la paz a cualquier precio.

El incremento de la demanda puso de manifiesto la necesidad de contar con personal especializado adicional, que tenía que ser femenino, pues todos los hombres adultos estaban movilizados. El lugar para formarlo fue el Instituto Curie, que se estrenó en una función para la que no había sido diseñado. A comienzos de 1916 comenzaron los cursos de formación de asistentes radiológicas, los cuales fueron impartidos por Marie. Fueron seguidos por unas 150 mujeres provenientes de todas las clases sociales, algunas de las cuales eran enfermeras, si bien la mayoría no tenía formación previa. Al final de la guerra estaban operativos más de 200 puestos fijos en servicios radiológicos en los hospitales de campaña y 20 *petites Curies*. Solo durante los años 1917 y 1918 se registraron en ellos 1 100 000 radiografías que salvaron incontables vidas y ahorraron mucho sufrimiento.

Otro de los servicios médicos que Marie atendió durante la guerra fue el de radioterapia. Con la única ayuda de una pequeña bomba de vacío, Marie rellenó multitud de ampollas con la emanación desprendida del radio, que fueron distribuidas por los hospitales franceses para abastecer los servicios de radioterapia. Tampoco este trabajo debió de ser muy saludable.

La guerra dejó a Europa arrasada, pero el armisticio trajo una noticia con la que Marie había soñado desde antes de nacer: Polonia volvía a ser un país independiente. Los muertos se contaban por millones, pero hubo al menos dos víctimas que no figuraron en ninguna estadística. Marie y su hija Irène, que entonces no era más que una adolescente, se vieron expuestas a grandes dosis de irradiación con rayos X, por lo que luego pagarían un alto precio, sobre todo, Irène. Pero ella al menos obtuvo un reconocimiento oficial por parte del Estado francés. Sin embargo, su madre, que había diseñado y puesto en marcha el servicio, que había donado al Estado sus medallas, incluidas las de los premios Nobel, y que había comprado bonos de guerra con el importe de los mismos, solo tuvo la satisfacción del deber cumplido. A pesar de los años

FOTO SUPERIOR IZQUIERDA: **Inauguración del Instituto del Radio; de izquierda a derecha, Claudius Regaud, Marie y Jean Perrin.**

FOTO SUPERIOR DERECHA: **Marie al volante de una «petite Curie».**

FOTO INFERIOR IZQUIERDA: **Marie y su hija Irène en el Instituto del Radio.**

FOTO INFERIOR DERECHA: **El presidente de Estados Unidos Warren G. Harding y Marie durante la recepción celebrada en la Casa Blanca en 1921.**

transcurridos y de los servicios prestados durante la guerra, Marie no obtuvo ningún reconocimiento oficial por parte de los estamentos públicos franceses, que aún no le perdonaban que hubiera «manchado» el nombre de su marido.

EL VIAJE A ESTADOS UNIDOS

Marie era una celebridad mundial y, tras finalizar la guerra, muchos periodistas llamaron a su puerta. Pero, dada la terrible experiencia con la prensa durante el escándalo Langevin, Marie no atendía a ninguno. Una americana particularmente insistente, Marie Meloney, fue a París y decidió que no se movería de allí hasta que no consiguiera entrevistarla. Cuando por fin se encontraron, se estableció una comunicación especial entre ellas, que solo se interrumpiría con la muerte de la investigadora. Meloney quedó impresionada por la timidez y modestia de Marie y por las austeras condiciones en las que trabajaba. A Marie, por su parte, la sedujo la fuerza y determinación de la periodista.

Meloney le propuso un plan para recaudar los 100 000 francos que hacían falta para comprar el gramo de radio que Marie necesitaba para su laboratorio. Se haría una colecta entre las mujeres norteamericanas que culminaría con el viaje de Marie a Estados Unidos para recoger el preciado elemento. Con el consentimiento de Marie y con el fin de conseguir su objetivo, Meloney puso en marcha un fabuloso aparato propagandístico. Trabajó incansablemente, persuadió, distorsionó y exageró todo lo necesario hasta conseguir difundir el mito «Madame Curie» en Estados Unidos. Obviamente, el asunto Langevin quedó borrado.

Marie Curie y sus hijas hicieron el viaje en mayo de 1921, que tuvo su final apoteósico en la recogida del botín, un gramo de radio encapsulado en plomo y este a su vez guardado en un cofre de madera, en la Casa Blanca de manos del presidente Warren G. Harding. Sin embargo, Marie se encontraba muy débil y no estaba preparada para los baños de multitudes enfervorizadas que la esperaban. Al llegar al puerto de Nueva York un admirador le dio un apretón de manos tan caluroso, que casi le parte la muñeca, por lo que estuvo gran parte del viaje con ella vendada. A pesar de que la debilidad de Marie era manifiesta, finalmente consiguió sobrevivir al maratoniano programa de visitas a colegios, universidades, sociedades y laboratorios que le había preparado Meloney, aunque en muchos de los actos la reemplazaron sus hijas. También tuvo ocasión de disfrutar con la visita a varios parques naturales, especialmente el del Gran Cañón del Colorado, que recorrió montada en burro, junto con sus hijas.

En 1929 repitió un viaje similar, también organizado por Meloney, aunque con un programa mucho menos denso. El objetivo era recaudar los fondos necesarios para comprar otro gramo de radio para el Instituto Marie Skłodowska-Curie, que había fundado su hermana Bronia en Varsovia, del cual ella era presidenta honorífica. El presidente que le entregó el radio esta vez fue Herbert Hoover, que la invitó a quedarse en la Casa Blanca varios días. Poco después de que tomaran el barco para realizar el viaje de vuelta, la bolsa de Nueva York se desplomó marcando el comienzo de la Gran Depresión.

EL FIN Y LA CONTINUACIÓN

La salud de Marie, que no su determinación, se había deteriorado mucho, sufriendo frecuentemente de anemia y habiendo desarrollado cataratas precoces, ambas enfermedades consecuencia directa de su exposición a la radiación. Las cataratas la habían dejado ciega, pero tuvo que sufrir hasta cuatro operaciones para librarse de ellas. A veces hablaba de retirarse a cuidar el jardín, pero el laboratorio era su vida. Al frente del mismo estaba ya su hija Irène, que desde el final de la guerra se había convertido en su colaboradora más eficaz. Frédéric Joliot, un joven atildado y con un extraordinario don de gentes, que había entrado a trabajar como asistente de Marie por recomendación de Paul Langevin, se convertiría en el compañero de Irène en el trabajo y en la vida. Ella había obtenido el grado de doctora en Física por el estudio de

IRÈNE CURIE

Irène, al igual que su madre, ganó un premio Nobel compartido con su marido Frédéric Joliot-Curie, el de Química del año 1935, el mismo año en el que Chadwick recibiría el de Física por el descubrimiento del neutrón. Quizá estaba escrito en las estrellas que Irène iba a seguir en todo los pasos de su madre, porque donde se estrelló su madre también se estrelló ella. Frédéric recibió la espada de Académico de manos de su orgulloso maestro, Paul Langevin, en 1945. Sin embargo, la que había sido su mentora en el laboratorio y había compartido el Nobel con él, nunca mereció tal honor, a pesar de que, a diferencia de Marie, Irène lo siguió intentando hasta su fallecimiento en 1956, cuando murió de leucemia, la misma enfermedad que había acabado con su madre.

Irène y Frédéric en el laboratorio, en una fotografía tomada hacia 1935.

la radiactividad del polonio, el escurridizo elemento que su madre había descubierto. Él lo obtuvo por los resultados en la investigación de la reactividad química de este elemento. Irène y Frédéric descubrieron, pero no identificaron inequívocamente, un isótopo radiactivo del lantano. Más tarde analizarían los productos obtenidos al bombardear el uranio con neutrones lentos, pero no identificaron el nuevo proceso de fisión nuclear, que sí entendería perfectamente la física austriaca Lise Meitner.

En 1934, mientras estudiaban los procesos de aniquilación electrón-positrón, detectaron un proceso imprevisto que identificaron como radiactividad artificial. Marie fue la primera persona a la que anunciaron el resultado de su experimento. Inmediatamente se dio cuenta de la relevancia del mismo, pero en lugar de ir directamente al laboratorio donde trabajaban su hija y su yerno, fue a buscar a Paul Langevin a su casa, y juntos vieron la demostración del experimento que los había convertido en alquimistas.

Marie estuvo en el laboratorio hasta que un día de abril de 1934 no se encontró bien. Como los médicos pensaron que podía tener un problema de pulmones, la enviaron a la montaña. Y allí murió en un sanatorio en Sancellemoz el 4 de julio de 1934.

> «El combate de la ciencia es el de la razón contra las fuerzas del oscurantismo, el combate de la libertad de espíritu contra la esclavitud de la ignorancia.»
>
> — FRANÇOIS MITTERRAND, EN EL DISCURSO PRONUNCIADO EN EL ENTIERRO DE MARIE Y PIERRE CURIE EN EL PANTHÉON.

Tuvieron que pasar sesenta años para que Marie Curie recibiera un reconocimiento oficial por parte del Estado francés. En abril de 1995 los restos mortales de Marie y Pierre Curie fueron trasladados al Panthéon de París, santuario laico donde reposan los restos de los grandes «hombres» de Francia. Fue uno de los últimos actos públicos de François Mitterrand, que presidió el acto junto al presidente polaco Lech Walesa, siendo una de sus protagonistas Ève Curie. El presidente francés destacó la capacidad de trabajo y el ingenio de Marie, su lucha por abrirse camino en un mundo de hombres, y su contribución a la *grandeur* francesa.

Cuentan que Einstein dijo de Marie que era la única persona a la que la fama no la había corrompido. No fue solo a la fama a lo que no sucumbió: nada consiguió doblegarla. Nunca.

Anexo

Hablar de Marie Curie es hablar de radiactividad, y cuando se trata de esta es difícil obviar la energía nuclear. Esta fuente de energía tiene unas connotaciones profundamente negativas como consecuencia de las bombas lanzadas en Hiroshima y Nagasaki durante la Segunda Guerra Mundial. Marie murió antes del ascenso del nazismo, que habría de determinar la puesta en marcha del Proyecto Manhattan que las fabricó, pero ese proyecto no habría sido posible si alguien no hubiera descubierto que los átomos se rompían liberando energía. Por ello, aunque de forma colateral, el Proyecto Manhattan forma parte de su legado.

No obstante, el legado de Marie Curie tiene otras facetas mucho más luminosas. Marie ha sido, y sigue siendo, un modelo que ha inspirado a innumerables jóvenes de todo el mundo. Su fama y excepcionalidad han hecho que su historia se examine desde todos los puntos de vista posibles: desde el hiperfeminista hasta el machista, pasando por el eco-feminista. Tanto se ha estudiado que se han llegado a encontrar connotaciones negativas en su trayectoria, respuesta lógica cuando se pretende emular a un mito de tanta envergadura, inalcanzable para la mayor parte de las mortales. A pesar de todas esas puntillosas elucubraciones, desde la década de 1940, cuando el libro de Ève Curie la hizo famosa, infinidad de jóvenes de todo el mundo han dedicado su vida a la ciencia soñando con ella. Es evidente que a pesar de que hace casi un siglo que murió, el mito de Marie Curie, lejos de desvanecerse, con el tiempo cada vez se hace más brillante. Así, a finales de 2011 se estrenó en Nueva York una obra de teatro basada en el período más turbulento de su vida, el del aislamiento del radio y el escán-

FISIÓN NUCLEAR... Y SE ABRIERON LAS PUERTAS DEL INFIERNO

Marie Curie y Ernest Rutherford no vivieron para verlo, pero sus alumnos abrieron la caja de Pandora: liberaron la energía del núcleo. La clave fundamental la vino a dar otra mujer fascinada con la física, que en su día quiso trabajar en el laboratorio Curie, Lise Meitner. Finalmente, Lise trabajó en Berlín, en un laboratorio mucho más hostil para las mujeres, donde por expresa prohibición de su director, Emil Fischer, no podía acceder al edificio por la puerta principal. Sus calamidades fueron a más con el ascenso del poder nazi, terminando refugiada en un laboratorio de mala muerte en Estocolmo.

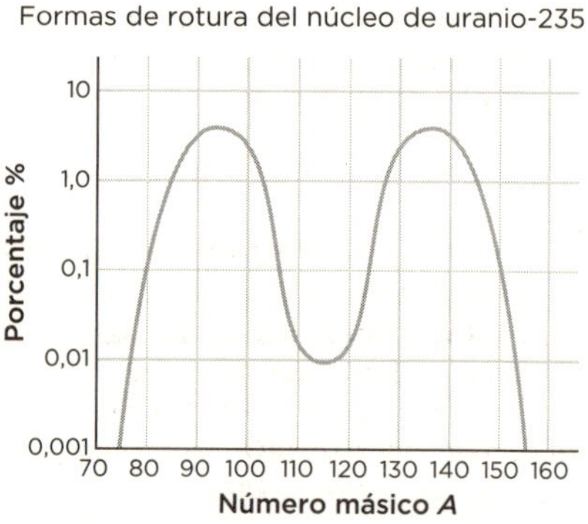

Distribución de los productos de fisión del uranio-235, indicando la probabilidad de que se formen núcleos ligeros y pesados.

Reacción en cadena

Allí recibió una carta de Otto Hahn, su colega de laboratorio durante más de treinta años, describiéndole los resultados del experimento que acababan de realizar, en el que habían bombardeado núcleos de uranio con neutrones lentos, y solicitando su ayuda para interpretarlos. Lise, junto con su sobrino, el también físico Otto Frisch, interpretó el experimento de Hahn como debido a una «fisión» o rotura del núcleo de uranio. En el proceso se generaban dos núcleos más ligeros, y parte de la masa se transformaba en energía. A partir de este descubrimiento se puso en marcha el Proyecto Manhattan para fabricar la bomba atómica. Lise se negó tajantemente a participar en este y en cualquier otro proyecto cuyo objetivo fuera acabar con vidas humanas, aunque fueran las vidas de los nazis que casi acaban con la suya. La reacción de fisión que interpretó correctamente Lise no solo dio lugar a la bomba ató-

dalo Langevin. El nombre de la obra, *Radiance: The Passion of Marie Curie*, hace referencia a los dos aspectos de la historia de Marie que le parecieron más fascinantes al actor Alan Alda, autor del texto y director de la obra: el trabajo con radiaciones y la ina-

mica, sino a los usos pacíficos de la energía nuclear. Esta se obtiene a partir de reacciones típicas de fisión del núcleo de uranio-235, que dan lugar a dos núcleos de tamaño medio, pero con masas diferentes, como por ejemplo en las dos situaciones siguientes, donde los núcleos obtenidos son estroncio y xenón en el primer caso, y kriptón y bario en el segundo:

$$^{235}_{92}U + ^{1}_{0}n \rightarrow ^{90}_{38}Sr + ^{143}_{54}Xe + 3\,^{1}_{0}n + \text{Energía}$$

$$^{235}_{92}U + ^{1}_{0}n \rightarrow ^{92}_{36}Kr + ^{141}_{56}Ba + 3\,^{1}_{0}n + \text{Energía}$$

Pero estas reacciones no son las únicas, hay más de cincuenta reacciones similares, en las cuales la rotura del núcleo de uranio da lugar a un núcleo de número másico 90+/-10 (primer máximo de la gráfica), y a otro pesado de número másico 140 +/-10 (segundo máximo de la gráfica). En todos los casos se desprenden además dos o tres neutrones y mucha energía.

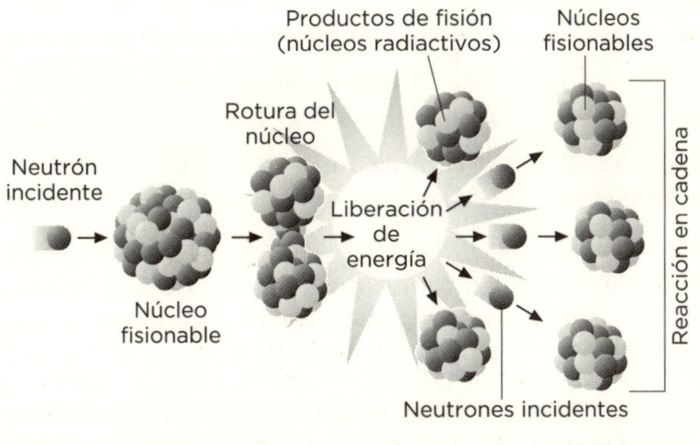

Proceso de colisión de un neutrón lento con un radionúcleo pesado que da lugar a un núcleo inestable que en último extremo se rompe (reacción de fisión) originando otros dos núcleos de masas menores y tres neutrones. Va acompañado de una gran liberación de energía. Los neutrones liberados actúan como detonantes de nuevos procesos de fisión en núcleos vecinos, dando lugar a una reacción en cadena.

gotable pasión por la vida de Marie. Alan Alda, que confiesa estar enamorado de su heroína, cuenta que no era la magnitud de su genio científico lo que le fascinó, o al menos no exclusivamente, sino su inagotable coraje para seguir luchando y sacando lo mejor de la vida incluso en las situaciones más adversas.

Esa inagotable pasión por vivir la debieron de sentir sobre todo las personas que estuvieron cerca de ella, y de una forma muy especial su hija Irène, que era física y mentalmente más parecida a su padre que a ella. Tras la muerte de Pierre, Marie se ocupó de darle una educación a su altura, creando una cooperativa de enseñanza cuyos profesores eran ella misma y sus exquisitos colegas científicos. Siendo solo una adolescente, Irène fue uno de sus principales apoyos en el escándalo Langevin, y poco después su mejor colaboradora en el periplo por los frentes de batalla de la Primera Guerra Mundial. Ello tuvo sin duda un efecto catastrófico en la salud de Irène, que no obstante no se reflejó en su expediente académico, pues al poco de terminar la guerra se graduó en física y comenzó a trabajar en el laboratorio con la misma dedicación que su madre. A diferencia de ella, probablemente por el influjo de su abuelo, Irène se alineó abiertamente con partidos políticos de izquierda, formando parte del Gobierno de Léon Blum y apoyando la República española tras el Alzamiento de 1936. Asimismo fue una sufragista apasionada que en el discurso de recepción del Nobel hizo un alegato feminista que sigue estando vigente hoy día.

Frédéric Joliot, el compañero que, como su madre, conoció en el laboratorio, también recogió el testigo de Marie. Nacido en 1900 en una familia de comerciantes sin tradición científica, su vida se vio profundamente alterada por la Gran Guerra, pues a causa de ella tuvo que dejar el liceo y matricularse en la menos prestigiosa Escuela de Física y Química Industriales. El cambio al final no resultó negativo, pues allí conoció a Paul Langevin, por cuya recomendación entró a trabajar en el Instituto del Radio con una de las becas Rothschild como asistente de Marie Curie. En 1926 se casó con Irène, añadiendo el apellido Curie al suyo. Tras completar sus estudios de Física en la Sorbona, en 1930 presentó su tesis doctoral, dedicada al estudio de las propiedades electroquímicas del polonio, una extensión del trabajo de investigación de la propia Irène. Los trabajos en común de ambos los llevaron a descubrir la radiactividad artificial, por lo cual les concedieron el premio Nobel de Química en 1935.

Pero la investigación fue solo una de las muchas actividades en las que destacó Frédéric. Fue un miembro activo de la Resistencia contra los nazis, que preparaba dinamita y tiraba bombas en las calles de París contra los tanques alemanes, mientras dirigía su laboratorio del Collège de France. Este permaneció abierto durante la guerra gracias a su buena relación personal con Wolfgang Gentner, el científico alemán encargado de controlar a los investigadores franceses; esta amistad también fue crucial para conseguir la liberación de Langevin tras su detención por los alemanes durante la ocupación de Francia. La oposición de Frédéric a los nazis, aparte de sus inquietudes sociales, lo llevaron a militar en el Partido Comunista Francés, ya que pensaba que era la única organización que podía hacerles frente.

Después de la guerra Frédéric fue designado director del Centre National pour la Recherche Scientifique, el organismo público de investigación francés, y también fue nombrado miembro de la Academia de Ciencias, tras haber ganado la votación frente a Jean Becquerel, hijo de Henri. Sus sospechosamente buenas relaciones con científicos alemanes y, sobre todo, su fidelidad al Partido Comunista, hicieron que los americanos lo dejaran al margen del Proyecto Manhattan, a pesar de que había sido uno de los científicos recomendados por Einstein.

Una vez restaurada la paz, Frédéric consiguió para Francia algo mucho más valioso que un premio Nobel. A través de él se materializó el mejor legado que Marie podía hacer a su país de adopción: la independencia energética. Los protagonistas de tal gesta fueron el científico que ponía bombas a los nazis y un general de la Resistencia. La fundación oficial del Commissariat à l'Énergie Atomique (CEA) tuvo lugar el 15 de octubre de 1945, pero se gestó antes, en una reunión entre el general De Gaulle y Frédéric Joliot-Curie, en noviembre de 1944. En ella, el científico convenció al todavía aspirante a presidente de que Francia tenía que desarrollar un programa nuclear propio. La idea inicial de Frédéric había sido colaborar con ingleses y americanos en un esfuerzo común para desentrañar los misterios del núcleo y sacarle el máximo rendimiento. Pero pronto vio que sus objetivos y los de los ingleses y americanos eran muy diferentes, pues ellos se habían embarcado en la carrera armamentística de la terrible Guerra Fría, y Frédéric no consideraba dar a la energía nuclear usos que no fueran pacíficos. Mientras pudo, Frédéric se mantuvo al margen de esa guerra y, con el generoso apoyo del Gobierno, creó centros de investigación, programas e infraestructuras base de la poderosa escuela de física nuclear francesa.

Finalmente, la Guerra Fría terminó barriéndolo a él de la cúspide de la CEA. ¿Cómo iba a estar un científico comunista al frente de una organización del máximo valor estratégico para Francia y para el mundo libre? De Gaulle tenía un motivo mucho más poderoso para poner a otra persona al frente de la CEA: Francia necesitaba el poderío nuclear para independizarse de la tutela militar norteamericana, y Frédéric, como impulsor del manifiesto de Estocolmo que pedía la supresión de las armas atómicas, no era la persona más apropiada para dirigirlo. Cuando la Guerra Fría pasó a la historia, el empleo de la energía nuclear con fines pacíficos volvió a ser la prioridad de la CEA.

El impulso inicial que dio al desarrollo de la investigación nuclear fue orgullosamente continuado y enarbolado como insignia patria por todos los presidentes franceses que han sucedido a De Gaulle, y por ese motivo Francia es el único país que sin tener reservas de combustibles fósiles es autónomo energéticamente.

En una de las últimas conferencias que dio Frédéric hizo suya la esperanza de Pierre de que toda conquista científica aportaría más bien que mal a la humanidad. Para Marie, en cambio, la ciencia no solo tenía un carácter utilitario: era su belleza la que la sedujo, como dijo en la conferencia *El porvenir de la cultura*, que impartió durante su viaje a España en 1933:

> Estoy entre los que piensan que la ciencia tiene una gran belleza. Un científico en su laboratorio no es solo un técnico: es también un niño frente a los fenómenos naturales que lo impresionan como un cuento de hadas. No debemos permitir que se crea que todo el progreso científico se puede reducir a mecanismos, máquinas, motores,

aunque toda esa maquinaria tiene también su propia belleza. No creo que el espíritu de aventura corra ningún riesgo de desaparecer en nuestro mundo. Si veo alrededor de mí algo especialmente vivo es precisamente ese espíritu de aventura, que parece indestructible y está emparentado con la curiosidad.

Ese espíritu de aventura la mantuvo a ella en pie hasta el límite de sus fuerzas. Es el mismo espíritu que hizo nacer la ciencia y la mantendrá viva mientras las personas y su curiosidad existan.

Lecturas recomendadas

ASIMOV I., *Breve historia de la química*, Madrid, Alianza, 2006.

CASADO, M.J., *Las damas del laboratorio*, Barcelona, Debate, 2006.

CURIE, È., *Madame Curie*, París, Gallimard, 1938.

CURIE, M., *Escritos biográficos*, Barcelona, Edicions UAB, 2011.

FOLSING, U., *Mujeres premio Nobel*, Madrid, Alianza, 1992.

GAMOW, G., *Biografía de la física*, Madrid, Alianza, 2007.

GRIBBIN, J., *Historia de la ciencia, 1543-2001*, Barcelona, Crítica, 2003.

LOZANO, M., *Nucleares, ¿por qué no? Cómo afrontar el futuro de la energía*, Barcelona, Random House Mondadori, 2009.

REID, R., *Marie Curie*, Barcelona, Salvat, 1987.

SÁNCHEZ, J.M., *Marie Curie y su tiempo*, Barcelona, Crítica, 2000.

STRATHEN, P., *Curie y la radioactividad*, Madrid, Siglo XXI, 1999.

Índice